BIM技术丛书

Revit

软件应用系列

Autodesk Revit Architecture 实例详解

黄亚斌 徐钦 主编

柏慕进业

杨东海 黄京城 副主编

中国水利水电出版社

www.waterpub.com.cn

内 容 提 要

本书分为四大部分，共 12 章。第一部分系统地阐述了 Revit 2013 的新功能，从设计套装到详部构件都得到全面升级更新。第二部分“协同工作”主要讲解了建筑、结构、MEP 三个专业的设计协同，以及 Revit 与 Navisworks 协同工作。第三部分“实例讲解”通过创建中心文件、建立工作集、分配工作集、链接 CAD 等步骤来教会人们如何在实际案例应用协同方式搭建模型，同时如何用体量创建屋顶也是该部分的亮点之处。第四部分“施工图设计”讲解了模型完成后如何来深化视图，最终生成实际图纸服务于实际项目。本书配套课件可在 http://www.waterpub.com.cn/softdown 查阅下载。

本书适用于建筑行业的建筑工程师、施工管理人员、高校学生及 BIM 爱好者，也可对结构工程师及水、暖、电工程师学习协同工作提供全面帮助。

图书在版编目（CIP）数据

Autodesk Revit Architecture实例详解 / 黄亚斌，徐钦主编. -- 北京 : 中国水利水电出版社，2013.4
（BIM技术丛书. Revit软件应用系列）
ISBN 978-7-5170-0767-8

Ⅰ. ①A… Ⅱ. ①黄… ②徐… Ⅲ. ①建筑设计－计算机辅助设计－应用软件 Ⅳ. ①TU201.4

中国版本图书馆CIP数据核字(2013)第074500号

书　　名	BIM 技术丛书　Revit 软件应用系列 **Autodesk Revit Architecture 实例详解**
作　　者	柏慕进业　黄亚斌　徐　钦　主　编 杨东海　黄京城　副主编
出版发行	中国水利水电出版社 （北京市海淀区玉渊潭南路 1 号 D 座　100038） 网址：www.waterpub.com.cn E-mail：sales@waterpub.com.cn 电话：（010）68367658（发行部）
经　　售	北京科水图书销售中心（零售） 电话：（010）88383994、63202643、68545874 全国各地新华书店和相关出版物销售网点
排　　版	中国水利水电出版社微机排版中心
印　　刷	北京嘉恒彩色印刷有限责任公司
规　　格	210mm×285mm　16 开本　7.5 印张　227 千字
版　　次	2013 年 4 月第 1 版　2013 年 4 月第 1 次印刷
印　　数	0001—3000 册
定　　价	**22.00** 元

前　言

Revit Architecture 2013 是 Revit 在推出 10 年之际的一次全新的改进和提升，它完美地将 Revit 建筑、Revit 结构、Revit 机电融合成“一体化的 Revit 版本（all-in-one）”，打造出一体化的建模平台，大大提升了各个专业间的统一标准与协同，它的改进与更新，展示了 Revit Architecture 2013 对工程建设行业的全新魅力和价值。Revit Architecture 2013 具有“三合一”功能和与其他产品之间的交互功能。

“三合一”。Revit Architecture 2013 给大家印象最深、最直观的就是在该版本中将建筑、结构、暖通 3 个模块的产品集成到一个统一的界面中来，以前的“常用”面板在该版本中改成了“建筑、结构、系统”3 个不同的面板，这样的改进一方面促进了各个专业间的配合、协作，另一方面也大大减少了软件的安装空间，同时标件库也得到了统一，方便我们对出图标准的制定。

Revit Architecture 2013 和其他产品之间的交互。主要就是 Revit 2013 和 Showcase 及 3ds max 工作流的交互，在 2013 版本中很容易做到软件之间的互导，增加了软件配合的时间，提高了人们的工作效率。

本书是一套实例教程，首先向大家介绍了 Revit Architecture 2013 的新功能，展示了改进更新后软件各个功能的提升及性能的增强。其次以某个会所项目的建筑模型创建为例，通过应用协同工作来教会大家如何在项目中合理地应用协同的方式来搭建模型，提高精确度，全面改善交付给客户的项目质量，同时讲解了如何应用体量来创建异形屋顶。最后讲解了模型搭建完成后如何让模型得以深化，达到出图效果。

本书分为四大部分，共 12 章。第一部分系统地阐述了 Revit 2013 的新功能，从设计套装到详部构件都得到全面升级更新。第二部分“协同工作”主要讲解了建筑、结构、MEP 三个专业的设计协同，以及 Revit 与 Navisworks 协同工作。第三部分“实例讲解”通过创建中心文件、建立工作集、分配工作集、链接 CAD 等步骤来教会人们如何在实际案例应用协同方式搭建模型，同时如何用体量创建屋顶也是该部分的亮点之处。第四部分“施工图设计”讲解了模型完成后如何来深化视图，最终生成实际图纸服务于实际项目。

本书适用于建筑行业的建筑工程师、施工管理人员、高校学生及 BIM（Building Information Model）爱好者，也可对结构工程师及水、暖、电工程师学习协同工作提供全面帮助。本书配套课件可在 http://www.waterpub.com.cn/softdown 查阅下载。

编者

2013 年 1 月

目　录

第 1 章　Revit 2013 新特性概要

Revit Architecture 2013 是在 Revit 推出 10 年之际的一次全新的改进和提升，它完美地将 Revit 建筑、Revit 结构、Revit 机电融合成“一体化的 Revit 版本（all-in-one）”，打造出一体化的建模平台，大大提升了各个专业间的统一标准与协同。它的改进与更新，展示了 Revit 2013 在工程建设行业的全新魅力和价值。

1.1　建筑设计套装的更新

（1）“三合一”。Revit 2013 给大家印象最深、最直观的就是在该版本中将建筑、结构、暖通 3 个模块的产品集成到一个统一的界面当中来，以前的“常用”面板在该版中改成了“建筑、结构、系统”3 个不同的面板，这样的改进一方面促进了各个专业间的配合、协作，另一方面也大大减少了软件的安装空间，同时标件库也得到了统一，方便人们对出图的标准的制定。

（2）Revit 2013 和其他产品之间的交互。主要就是 Revit 2013 和 Showcase 及 3ds max 工作流的交互，在 2013 版本中很容易做到软件之间的互导，增加了软件配合的时间，提高了人们的工作效率。

1.2　一般功能的更新

（1）项目样板。围绕项目样板的工作流已得到改进。在“选项”对话框的“文件位置”选项卡中，可以列出多个样板并指定文件位置。在创建项目时，可以轻松访问“最近使用的文件”窗口中显示的前 5 个样板。也可以单击“新建”以访问完整的样板列表，或选择“无”不使用样板而从头开始。

（2）项目浏览器。现在，可以使用“在项目浏览器中搜索”对话框在项目浏览器中搜索条目。在项目浏览器中右击，并选择“搜索”打开此对话框。

（3）视图类型。除了高程、剖面和绘图视图以外，还可以为平面视图、三维视图、图例和明细表创建自定义视图类型。

（4）视图样板。视图样板已得到改进，以便对视图提供更大的控制权。现在，可以为特定视图指定视图样板。将来对样板进行更改将会影响指定了此样板的视图。还可以将视图样板应用到视图，而不将该样板永久指定到视图。如果视图属性由指定的样板定义，则无法在视图的“属性”选项板中更改该属性。

（5）过滤器列表。在多个对话框中，可以使用过滤器列表按规程过滤类别。此列表将取代“显示全部规程中的类别”复选框。

1.2.1　尺寸标注功能

通过按 Tab 键切换到多段尺寸标注链中的各个线段，并删除线段。将光标定位在将要删除的尺寸标注字符串的单个段上；按 Tab 键直到该段高亮显示，然后单击将其选中，按 Del 键将其删除，如图 11-1 所示。

【注意】 删除单个段后，剩余的尺寸标注段中仍然会保留任何实例替换。在相等字符串中删除段时，将删除相等限制条件。

新的“直径尺寸标注”工具可用于标注直径尺寸，它还包含一个直径符号选项。单击“注释”选项卡 ➤“尺寸标注”面板 ➤（直径），将光标放置在圆或圆弧的曲线上，然后单击，将光标沿尺寸线移动，并单击以放置永久性尺寸标注，如图 1-2 所示。

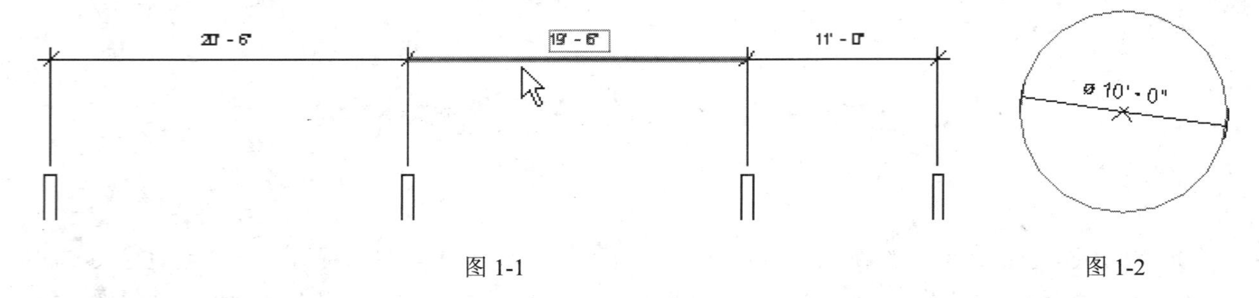

图 1-1　　　　　　　　　　　　　图 1-2

默认情况下，直径前缀符号显示在尺寸标注值中相等字符串中的尺寸标注实例可以显示线段的值、等分文字或新的相等公式字符串。

选择标注，在“属性”选项板上，选择“值”、“等分文字”或“等分公式”作为“相等显示”方式，单击“应用”。

1.2.2 族编辑

双击项目中的一个族实例以打开族进行编辑，在项目或族中，可以编辑一个载入的族，并将其重新载入到同一项目或任何其他打开的项目或族中。在将族重新载入到项目之前或之后，可以用原名称或新名称将该族保存到库中。

（1）要编辑项目中的族，请执行下列操作之一：双击绘图区域中的族实例。在绘图区域中选择一个族实例，并单击“修改<图元>”选项卡 ➤ “模式”面板 ➤ （编辑族）。在绘图区域或项目浏览器中，在族上单击鼠标右键，然后单击“编辑”。将在族编辑器中打开族。原始项目在后台仍处于打开状态，修改族。如果要保存所修改族的一份副本，请单击 ➤ （保存）。要将族载入到任一打开的项目，请在任一选项卡上，单击“族编辑器”面板 ➤ （载入到项目中）。在“载入到项目中”对话框中，选择要载入族的项目，然后单击“确定”。

（2）如果该族已经载入到项目中，则会显示“族已存在”对话框。执行下列操作之一：单击“覆盖现有版本”，“覆盖现有版本及其参数值”，现有族的参数值会被所载入族的参数值替换。

单击“取消”，提示重新载入多个族时，可以选择“对所有正在载入的族执行该操作”，关闭族文件。

【注意】如果族被用于建筑模型内，而你替换了现有类型的参数值，则该族将用新值更新整个项目。

1.2.3 可视化图形

现在背景包括用于天空或图像设置的选项。此功能可从“图形显示选项”对话框访问，在立面视图、剖面视图、等轴测视图和透视三维视图中提供。此外，背景选项在“隐藏线”、“着色”、“一致的颜色”和“真实”视觉样式中提供。

曲面透明度滑块。“假面”和“透明替代”选项替换为“曲面透明度”滑块。现在，可以按图元、类别、过滤器和视图设置一个介于 0～100 的“曲面透明度”替换值。从“图形显示选项”对话框中访问曲面透明度滑块，或选择一个图元，右击，然后选择“替换视图中的图形”（“按图元”、“按类别”或“按过滤器”）。

WARP 的硬件加速支持。WARP 软件加速的核心由原来的 OpenGL 变为 Windows 7 专属。这对视觉显示功能（如环境光阻挡和真实视觉样式）非常有益。

现在反失真可以为所有视图中的几何图形提供更平滑的线条。

RPC 外观可让你以真实视觉样式预览 RPC。以前，只能在渲染视图中看到环境的真实图片。

在逼真的视图样式中加入了人造照明和环境元素。

光线跟踪视觉样式。2013 版加入了交互式光线追踪视觉模式，能够更加真实地看到建筑的实时表现。

1.2.4 建筑性能分析的物理属性

新的数据模型加入了扩展的材质资源集，包括外观以及结构和热性能属性。这些属性可按各种逻辑组合应用到项目中以达到各种目的，例如，外观渲染以及用于整个建筑能量分析的热属性。

新的用户界面利用了新的数据模型，并在多种 Autodesk 产品（包括 Revit、AutoCAD 和 Inventor）之间实现一致性。热属性数据方便了热负荷和冷负荷计算、能量分析和 gbXML 支持。结构属性数据方便了结构分析。

1.2.5 互操作性

（1）DGN 导出/导入。已添加 V8 MicroStation 文件格式支持，并且拥有新的用户界面，在标高、线、线宽、图案以及文字和字体等方面提供贴图功能。DGN 导出设置可以保存到项目文件中，并且可以使用“传递项目标准”工具在项目之间复制。用户现在可以指定在导入过程中是否自动更正稍微偏离轴的线。

（2）IFC 导出/导入。功能已得到增强，可以显著减少导出的曲面模型数量，从而获得更好的性能。支持更多图元，如体量图元上的部件、零件和幕墙。其他性能增强包括在许多使用情况下减少 IFC 文件大小。

1.2.6 Revit Server

新的体系结构可以在多个主机服务器上存储中心模型，这样用户可通过本地安装的 Accelerator（类似于早期版本中使用的本地服务器）连接到中心模型，从而提供最佳性能。即使 Accelerator 不可用，整个功能仍会保留；而当 Accelerator 重新变为可用时，连接将自动恢复。利用 Revit Server Administrator 工具，可以集中管理模型数据；现在，管理员可以在主机服务器之间转移模型，而用户不必创建新的本地副本。模型级锁定和孤立模型级锁定的影响已减弱。Revit Server 现在可以与早期版本和 Autodesk Vault 并行安装。

1.2.7 构造建模

零件的新功能包括合并零件以及在合并的零件中添加或删除零件的功能。零件现在可以从项目中排除，因此它们将不可见并且不会包含在明细表或材质表中，但可以在需要时恢复。还可以为零件分区指定分隔器偏移并将自定义族轮廓应用到分区。现在可以从已载入的族（如柱、结构柱、结构框架和通用模型）和 Revit 链接中的原点生成零件。

对于部件，添加了 6 种新视图选项，用于在部件实例外部创建详细的剖面视图。部件视图现在可以放置在工程图纸上，项目视图可以放置在部件图纸上。图元创建工具现在可在“编辑部件”模式下使用。部件现在具有原点，可以针对部件实例更改部件类型。原点还提供了一个局部坐标系，用于确定如何将部件几何图形显示在图纸上的视图中。

1.2.8 概念设计环境

可以应用分区至路径和带节点的形状边缘，这有利于放置相同图元的许多实例在有限的系列。

1.2.9 工作共享增强功能

编辑请求工作流已通过动态交互通知得到改进。现在可以立即授予或拒绝权限，并且在绘图区域中高亮显示相应的请求图元。缩放全部以匹配您可以双击鼠标滚轮缩放所有可见项目内容以布满绘图区域。

1.3 建筑增强功能

新的基于构件的楼梯工具提供使用各个梯段、平台和支撑构件装配楼梯的功能。可以使用直接操纵控件在画布内修改楼梯。自定义楼梯文档，包括符号表示法、注释和图形显示。

1.3.1 楼梯

要创建基于构件的楼梯，您将在楼梯部件编辑模式下添加常见和自定义绘制的构件。在楼梯部件编辑模式下，可以直接在平面视图或三维视图中装配构件。平铺视图可以为您在进行装配时提供完整的楼梯模型全景。一个基于构件的楼梯包含梯段：直梯、螺旋梯段、U 形梯段、L 形梯段、自定义绘制的梯段；平台：在梯段之间自动创建，通过拾取两个梯段，或通过创建自定义绘制的平台；支撑（侧边和中心）：随梯段自动创建，或通过拾取梯段或平台边缘创建；栏杆扶手：在创建期间自动生成。

【注意】通过构件创建的楼梯无法添加到部件中。使用楼梯（按草图）方法可以将构建包含部件添加到楼梯中。

在图 1-3 中，可以创建一个装配的构件重叠在一起的楼梯。

还可以装配通向同一个平台的多个梯段，例如，T 形楼梯，如图 1-4 所示。

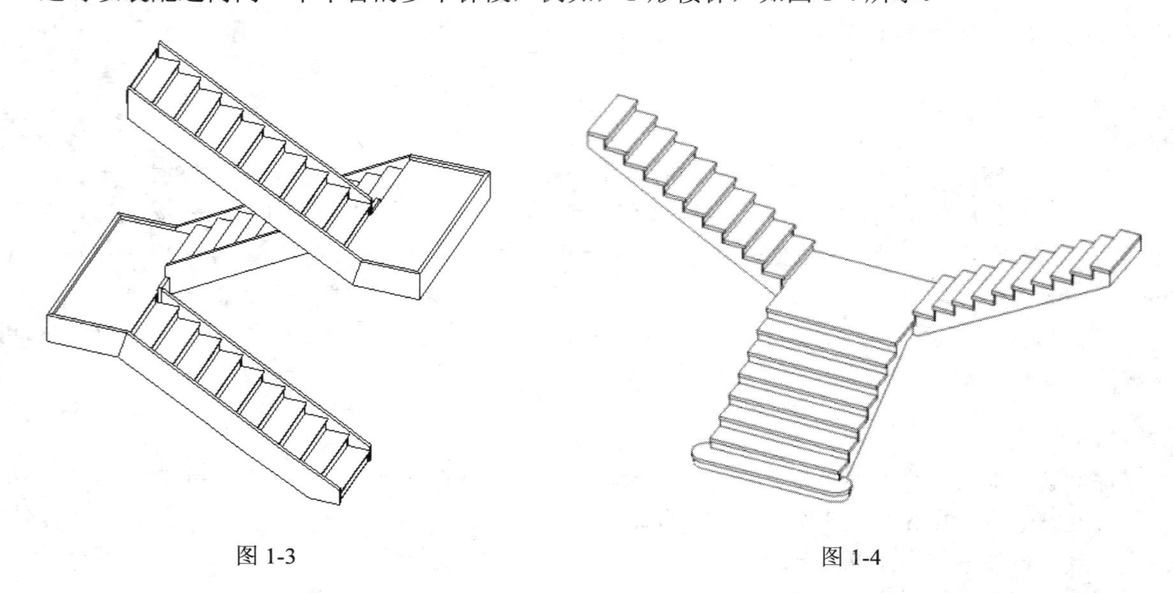

图 1-3　　　　图 1-4

楼梯部件中的构件虽然都是独立的，但彼此之间也有智能关系，以支持设计意图。例如，如果从一个梯段中删除台阶，则会向连接的梯段添加台阶，以保持整体楼梯高度。因为楼梯使用构件构建，所以可以分别控制各个零件；对这些零件执行以下操作：设置明细表，添加标记；添加、删除或替换为不同零件；转换为草图以进行自定义编辑；自定义以进行视觉表示；使用直接操纵控件修改楼梯构件，当选择要编辑的楼梯并选择楼梯构件后，将出现修改控件，用于直接操纵构件。

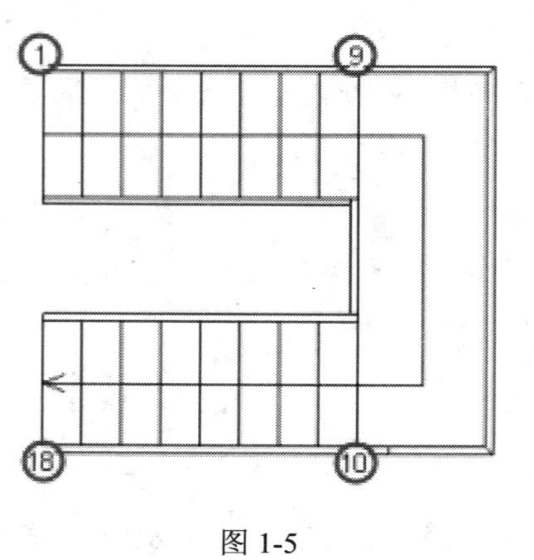

图 1-5

选择楼梯，然后单击“修改 | 楼梯”选项卡>“编辑”面板>（编辑楼梯）命令。在楼梯部件编辑模式下，编辑过程中会显示踢面索引号作为参考。这些编号指明每个梯段中的第一个和最后一个踢面。对楼梯进行修改时，这些编号会动态更新，如图 1-5 所示。

单击以选择要修改的构件（如果需要，可以按 Tab 键亮显某个构件以选择它）。

【注意】如果选择一连串连接的构件，例如梯段和平台，直接修改控件将不可用。使用直接操纵控件修改楼梯构件。

以图 1-6 为例，所标的各控件的修改行为如表 1-1 所示。

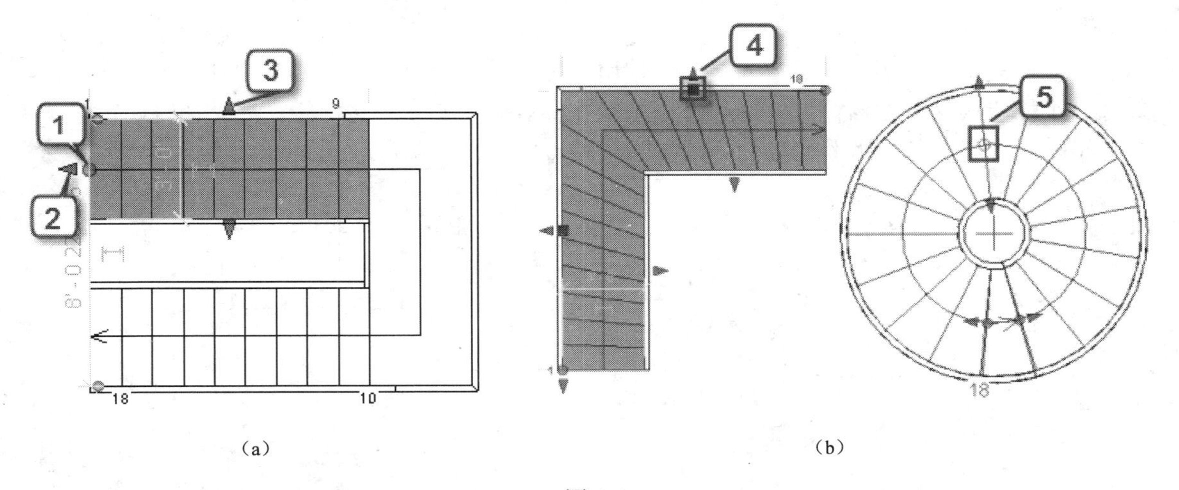

(a)　　　　　　(b)

图 1-6

表 1-1

控　制	修 改 行 为
1	拖曳实心圆点控件（在开放的梯段末端）以重新定位梯段末端，并添加或删除任何方向的踏板/踢面（不能在楼梯的底部标高之下添加踏板/踢面）
2	沿楼梯路径拖曳梯段末端处的箭头控件，以添加或删除台阶。使用箭头控件修改梯段末端可以保持楼梯的高度
3	拖曳其中一个梯段边缘处的箭头形状控件，以修改梯段的宽度。在平台构件上，使用此控件可以调整平台的形状
4	拖曳斜踏步梯段腿上的正方形控件可以移动腿。将从梯段的斜踏步腿中添加/删除斜踏步台阶，以保持原来的楼梯高度
5	拖曳螺旋梯段中间的空心圆点控件，可以修改半径

1. 移动梯段

移动梯段是指按踢面高度值的倍数重新放置梯段。相互连接的构件（例如，自动平台）依然保持连接，而且楼梯部件的高度保持不变。

选择一个梯段构件，然后将其拖曳到新位置。在图 1-7 所示的示例中，梯段被移动到左侧。

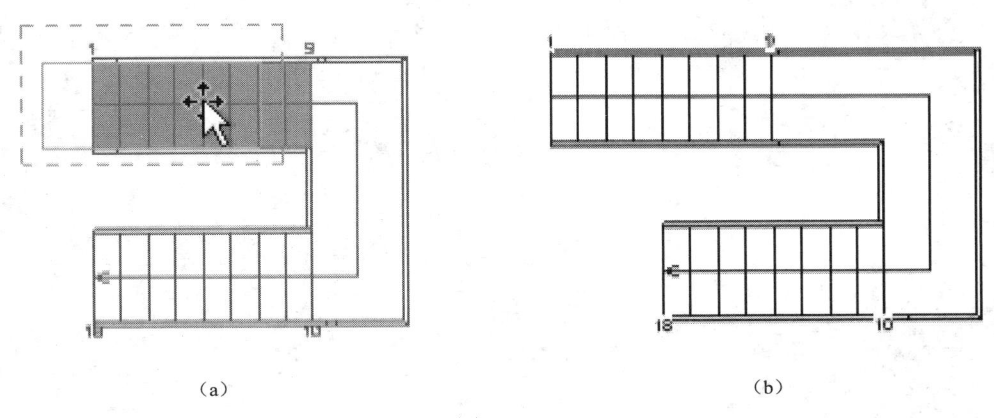

(a)　　　　　　(b)

图 1-7

在开放的梯段末端添加/删除台阶，可以在开放的梯段末端添加或删除踏板/踢面。如果在顶部梯段的开放末端添加台阶，它们将高出楼梯的顶部高度。

【注意】踢面索引号表示 + 和添加的台阶数。

选择一个梯段构件，然后拖曳实心圆点控件，以添加或删除踏板/踢面。在图 1-8 所示的示例中，在梯段的顶部添加了 3 个台阶。

2. 旋转梯段

通过拖曳梯段末端的实心圆点控件（或者使用“修改”面板上的“旋转”工具）可以旋转梯段。

选择一个梯段构件，然后拖曳实心圆点控件（在开放末端）以旋转梯段。如果梯段连接了一个自动平台，平台的形状将进行调整，以适应新的梯段角度，如图 1-9 所示。

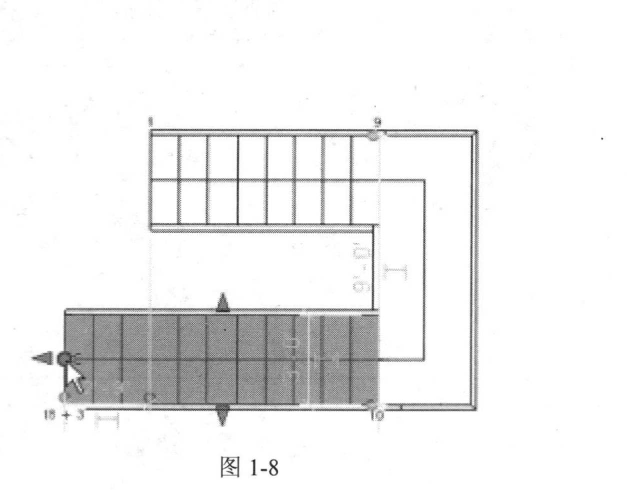

图 1-8

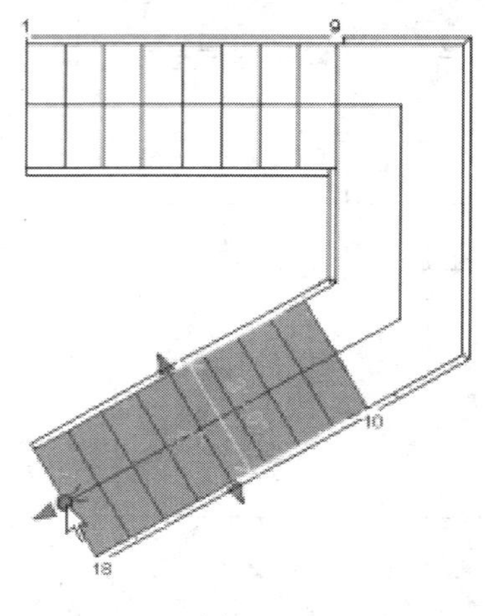

图 1-9

3. 平衡梯段中的台阶

通过操纵梯段（例如，斜踏步梯段或螺旋梯段）的一端，可以平衡梯段中的台阶数量。原来的楼梯高度保持不变，但台阶的配置会发生变化。

拖曳梯段一端的箭头形状控制柄，以修改台阶的配置。在如图 1-10 所示示例中，右侧的斜踏步腿被拉长，而相邻的腿发生了调整，从而使楼梯高度保持不变。

4. 平衡两个梯段之间的台阶

如果创建梯段时没有指定自动平台，或者在创建楼梯后删除了自动平台，则可以平衡两个梯段之间的台阶，如图 1-11 所示。

拖曳每个梯段末端的实心圆点控件，可以调整台阶的数量，如图 1-12 和图 1-13 所示。

通过拾取两个梯段来创建平台，或者绘制一个平台将两个梯段连接起来，如图 1-14 所示。

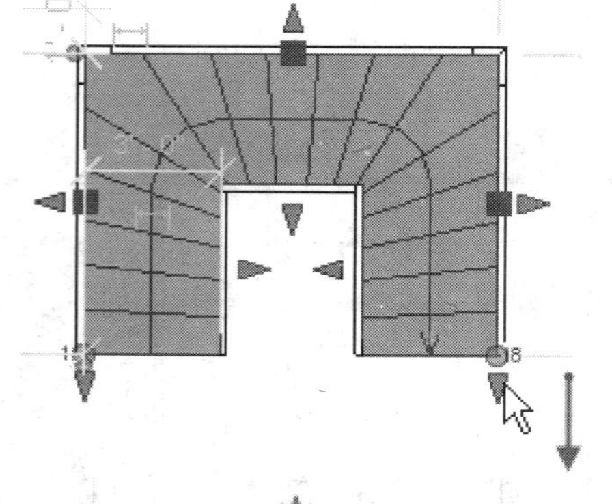

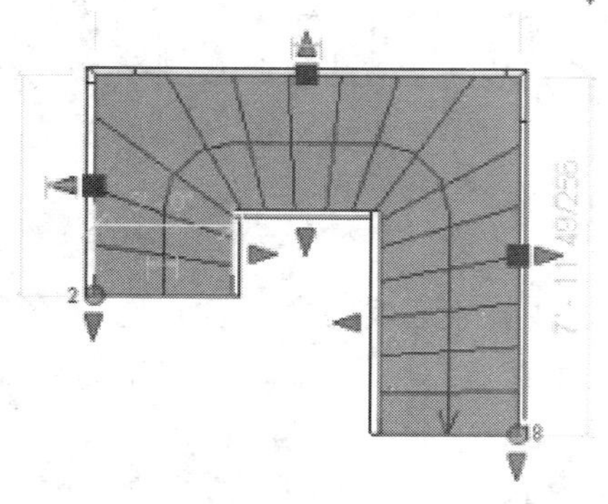

图 1-10

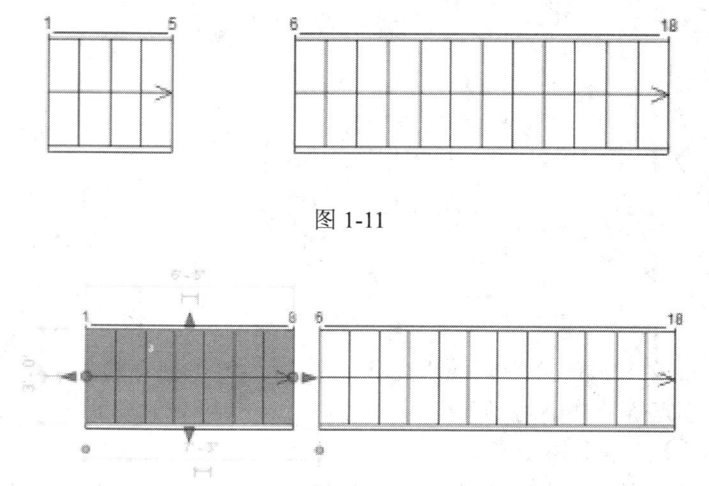

图 1-12

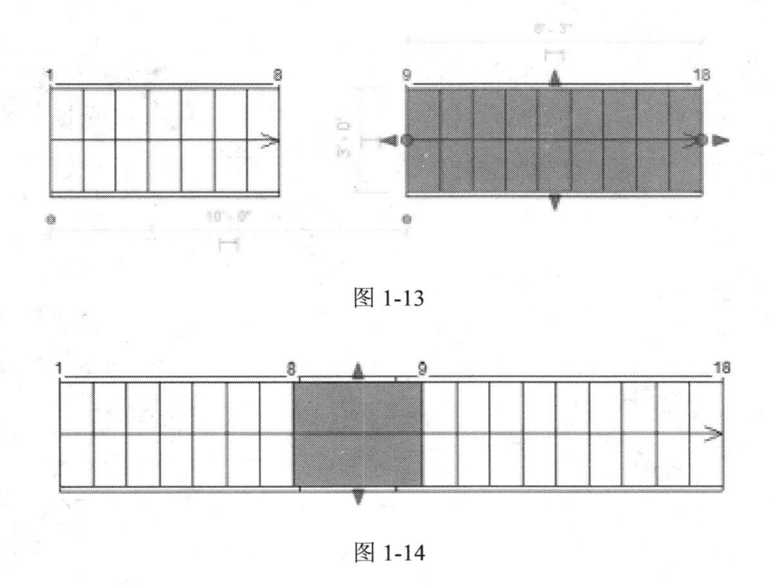

图 1-13

图 1-14

5. 重新定位斜踏步梯段腿

可以在斜踏步梯段中重新定位腿。斜踏步梯段中的其他腿保留在原来的位置，但会在连接的斜踏步腿中添加或删除台阶，以保持原来的楼梯高度。

选择梯段，然后拖曳正方形控件，将斜踏步腿移动到新位置。此控件的位置由创建梯段时指定的“定位线”设置决定。在本示例中，定位线位于“左侧”，所以此控件位于左边界，如图 1-15 所示。

将顶部斜踏步腿的正方形控件向下移动，形成的斜踏步梯段，如图 1-16 所示。

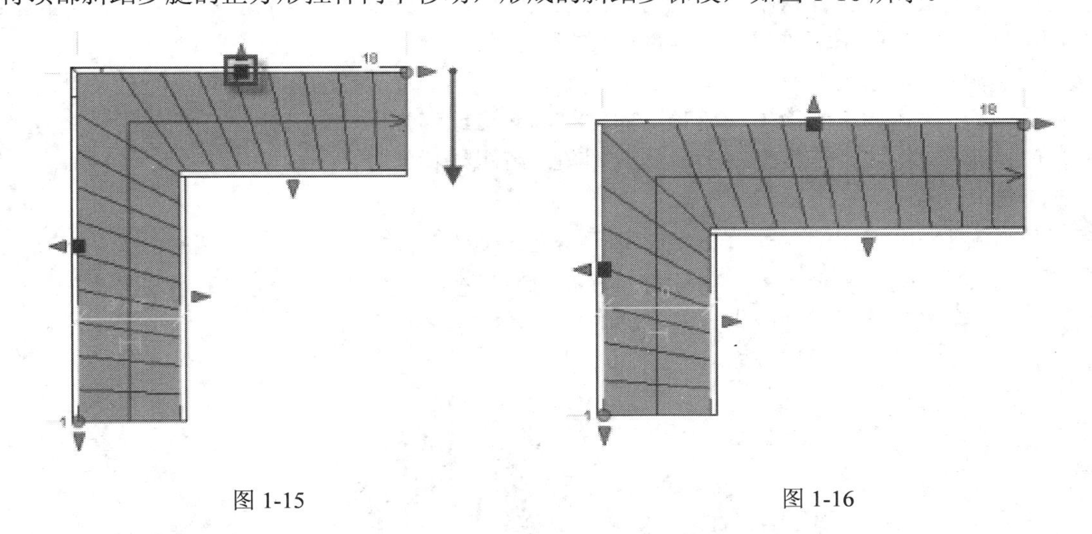

图 1-15　　　　图 1-16

6. 调整净空间隙

要调整楼梯以满足净空间隙要求，有一种方法就是修改平台高度。其他方法包括重新定位梯段，以及平衡梯段之间的踏板/踢面数量。

要调整平台高度，请在立面视图中选择平台，然后使用“移动”工具修改平台的位置（也可以修改平台的“高度”实例属性）。请注意，梯段之间的台阶将发生调整，以适应平台高度的变化，如图 1-17 所示。

7. 修改实际梯段宽度

可以直接在楼梯部件编辑模式下修改梯段的宽度，请选择梯段，然后拖曳其中一个梯段边缘处的箭头形状控件，即可修改宽度，如图 1-18 所示。请注意，连接的平台构件的宽度也随之改变。

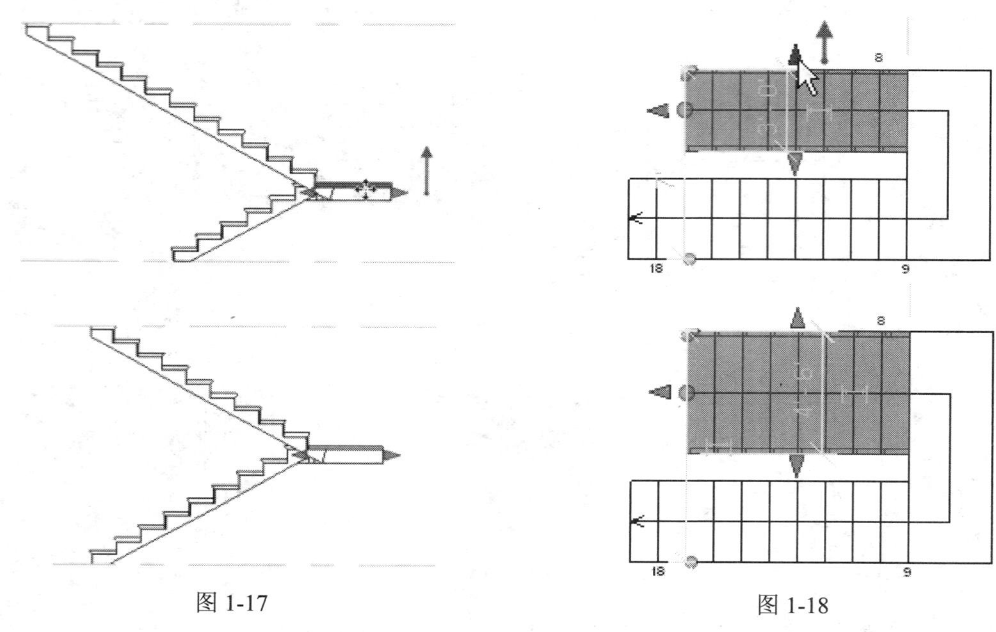

图 1-17　　　　图 1-18

8. 重塑平台

可以修改自动平台的形状，同时保持梯段的连接与设计时一样，请选择平台，然后拖曳边缘处的箭头形状控件，即可修改平台的尺寸和形状，如图 1-19 所示。

1.3.2　栏杆扶手

栏杆扶手增强功能：栏杆扶手工具已得到改进，包含了新的扶手和顶部扶栏图元、增强的栏杆扶手过渡，并且能够包含由系统生成的到顶部扶栏和扶手的延伸。

修改连续扶栏，对于连续扶栏（扶手或顶部扶栏），可以为扶栏的起点或终点添加延伸，修改扶栏的轮廓，将过渡样式指定为简单或鹅颈，向扶栏的起点或终点添加终止方式，如法兰或莲座，定义扶栏支撑布局选项，将扶栏连接替换为斜接或圆角，编辑扶栏路径。

1. 修改连续扶栏

在三维视图或平面视图中，按 Tab 键，以高亮显示连续扶栏，然后单击以选择它，此时将显示固定图标（），如图 1-20 所示。固定图标指示没有对其进行扶栏实例或栏杆扶手系统类型的更改。扶栏同“栏杆扶手系统”类型属性中指定的一样。

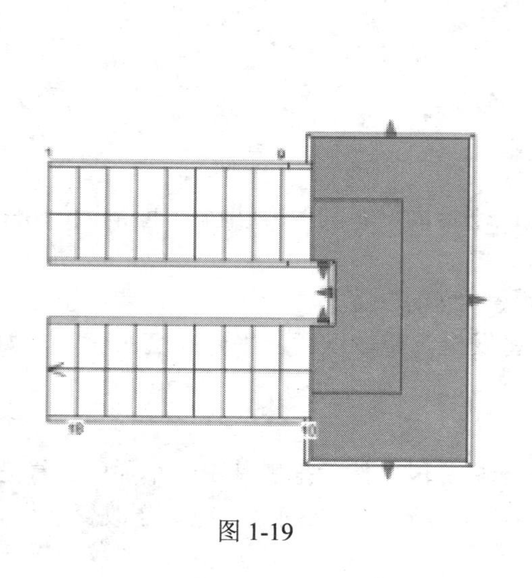

图 1-19

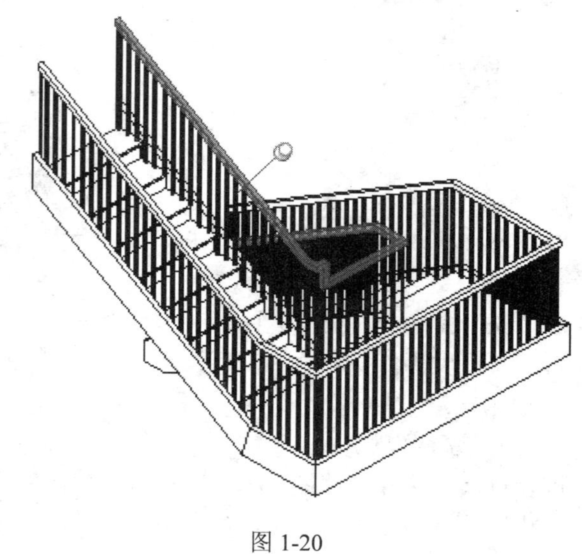

图 1-20

单击固定图标或选择“连续扶栏”面板上的（编辑扶栏）工具时，将显示解除固定（）图标。

解除固定图标（）表示两种可能的状态：可以对此扶栏实例进行类型或实例更改，以使其与“栏杆扶手系统”属性中指定的不同，可能已为该扶栏进行类型/实例更改。请参见表 1-2 中的修改选项。

表 1-2

如果要修改……	操　作
为栏杆扶手系统指定的连续扶栏的类型	在顶部扶栏或扶手下修改“类型”属性
在特定的实例中使用的连续扶栏的类型	选择扶栏。 单击固定图标（）。 在“类型选择器”中，选择一种扶栏类型
连续扶栏类型的属性	选择扶栏。 在属性选项板上，单击（编辑类型）。 根据需要修改类型、属性（注意修改类型属性将更改所有使用该类型的扶栏的规格）
连续扶栏的一个实例的扶栏轮廓	选择扶栏。 在“连续扶栏”面板上，单击（编辑扶栏）。 选择“编辑扶栏”将取消该扶栏的固定，以便对其进行修改。 使用“轮廓”面板上的工具，选择要用于扶栏的轮廓或加载新的轮廓族。 单击（完成编辑模式）
扶栏连接	选择扶栏。 在“连续扶栏”面板上，单击（编辑扶栏）。 选择“编辑扶栏”将取消该扶栏的固定，以便对其进行修改。 在“工具”面板上，单击（编辑路径）。 在“连接”面板上，单击（编辑扶栏连接）来为各个连接指定斜接或圆角。 单击（完成编辑模式）
扶栏延伸路径	选择要修改的带有延伸的扶栏。 在“连续扶栏”面板上，单击（编辑扶栏）。 在“工具”面板上，单击（编辑路径）。 （可选）显示工作平面查看器并使用绘制工具修改延伸路径。 单击（完成编辑模式）
扶栏路径	扶栏路径由系统栏杆扶手路径决定，并且不能更改。要修改系统栏杆扶手路径，请选择栏杆扶手系统，然后在“模式”面板上，单击（编辑路径）

2. 重置连续扶栏

重置扶栏工具可以将顶部扶栏或扶手恢复为系统计算的扶栏路径和默认的类型规格。使用以下方法之一重置扶栏。

（1）从项目视图（编辑模式除外）中选择连续扶栏，然后在“连续扶栏”面板上，单击（重置扶栏）。

（2）也可以单击取消固定 （）图标以禁用实例替换，并返回默认类型规格的扶栏。

（3）在扶栏编辑模式中重置扶栏：选择连续扶栏，在“连续扶栏”面板上，单击（编辑扶栏），在“工具”面板上，单击（重置扶栏）。

3. 编辑连续扶栏连接

扶栏连接是根据连续扶栏的类型属性确定的，或者还可以替代单个连接方法并选择“斜接”或“圆角”。在平面视图或三维视图中选择扶栏，在“连续扶栏”面板上，单击（编辑扶栏），在“工具”面板上，单击（编辑路径），在“合并”面板上，单击（编辑连接）。

沿连续扶栏移动光标。当将光标移动到连接上时，此连接的周围将出现一个框。单击以选择此连接。选择此连接后，此连接上会显示 X。在“连接”面板上，选择一种连接方法（“斜接”或“圆角”）。如果选择“圆角”作为连接方法，请在“连接”面板上指定一个半径值，单击✔（完成编辑模式）。

4. 定义连续扶栏延伸

可以选择为扶手或顶部扶栏定义扶栏延伸。有以下 3 种类型的标准延伸可用：墙、楼板、支撑，如图 1-21 所示。

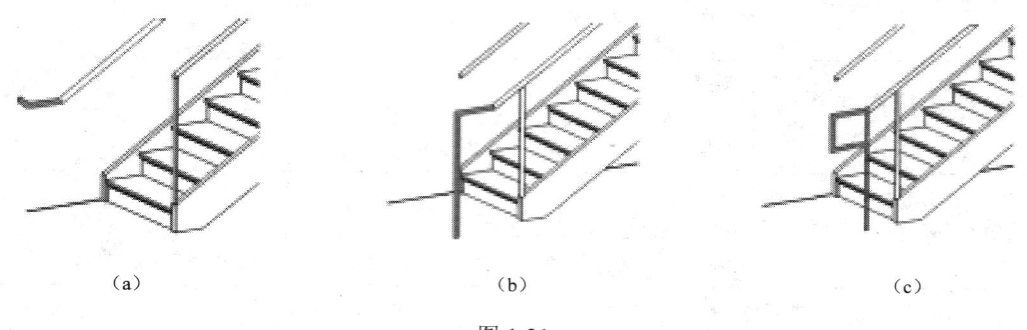

（a）　　（b）　　（c）

图 1-21

打开顶部扶栏或扶手的“类型属性”对话框。要在楼梯起点处修改扶栏延伸，请修改“延伸”下的属性（起点/底部）：选择“墙”、“楼板”或“立柱”作为“延伸样式”（如果不希望延伸，请选择“无”）。为“长度”指定延伸长度值，如果此值为零，将不显示延伸。（可选）选择“加踏板深度”以便将一个踏板深度添加到延伸长度。

要在楼梯顶部处修改扶栏延伸，请修改“延伸”下的属性（终点/顶部）：选择“墙”、“楼板”或“立柱”作为“延伸样式”（如果不希望延伸，请选择“无”）。为“长度”指定延伸长度值，如果此值为零，将不显示延伸。单击“确定”按钮。

修改延伸：在定义扶栏类型以使用标准扶栏延伸之一后，可以自定义延伸，选择要修改的带有延伸的扶栏，在“连续扶栏”面板上，单击（编辑扶栏），在“工具”面板上，单击（编辑路径）。（可选）选择一段延伸并按 Del 键将它删除。如果需要，可以删除所有延伸段。

在延伸编辑期间使用工作平面查看器：在“工作平面”面板上，单击（设置）。在“工作平面”对话框中，选择“参照平面：延伸平面：终点/顶部”或“参照平面：延伸平面：起点/底部”作为“名称”，然后单击“确定”按钮，在“工作平面”面板上，单击（查看器）。在工作平面查看器或在绘图区域中，选择要修改的部分。

使用“绘制”面板上的草图工具编辑扶栏延伸，在“连接”面板上，单击（编辑扶栏连接）来为各个连接指定斜接或圆角，单击✔（完成编辑模式）。

5. 修改扶手和支撑

一种栏杆扶手类型最多可以定义 2 个扶手。栏杆扶手系统、扶手和扶手支撑的类型属性可用于控制所使用的扶手和支撑的布局和类型，要指定的内容对应修改的内容如表 1-3 所示。

表 1-3

要 指 定 的 内 容	修 改 的 内 容
每个扶手的类型和位置	“栏杆扶手系统的类型属性”中的“扶手 1”和“扶手 2”属性。 [注意]如果不希望包括扶手，请选择“无”作为“类型”
扶手的高度	“高度”值位于“连续扶栏的类型属性”中的“构造”下
扶手支撑的类型	“族”属性位于“连续扶栏的类型属性”中的“支撑”下。 [注意]如果不希望包括支撑，请选择“无”作为“类型”

续表

要 指 定 的 内 容	修 改 的 内 容
支撑的布局	"布局"、"间距"、"对正"和"编号"属性位于"连续扶栏的类型属性"中的"支撑"下
扶手支撑类型的高度、材质和尺寸	指定的扶手支撑类型的属性。请参见"扶手支撑的类型属性"
替换扶手支撑的位置	"手间隙"、"偏移"和"与邻近图元一同移动"属性位于"扶手支撑的实例属性"中

6. 移动扶手支撑

按 Tab 键高亮显示，然后单击以选择扶手支撑，单击"锁定"图标（）来允许实例替换，如图 1-22 所示。

将使支撑显示"解锁"图标（），沿扶手路径拖动支撑，或使用"修改"面板上的移动工具。

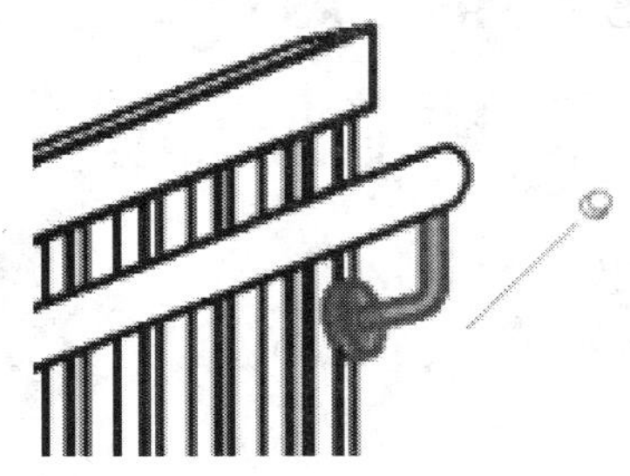

图 1-22

【注意】要让支撑返回其原始位置，请单击"解锁"图标（）以固定支撑并移除实例替换。Revit Architecture 现在提供了选择集，这一功能以前只有在 Revit Structure 中才可以使用。使用此功能可创建一个选择，并对该选择中的图元隔离、隐藏或应用图形设置。还可以稍后载入选择以再次选择图元。

7. 基于选择的过滤器

可以选择多个图元，然后将其另存为预设的过滤器。可以在选择集中使用过滤器隔离、隐藏或应用图元的图形设置。可以随时加载过滤器。

选择过滤器的步骤：单击"管理"选项卡>"选择"面板>（编辑），在"过滤器"对话框中，可以编辑过滤器、创建新过滤器、重命名过滤器和删除过滤器，基于选定图元创建过滤器的步骤。在绘图区域中选择一个或多个图元。单击"管理"选项卡>"选择"面板>（保存），在"保存选择"对话框中，输入该过滤器的名称，单击"确定"按钮。

创建过滤器并将图元添加到过滤器的步骤：单击"管理"选项卡>"选择"面板>（编辑），在"过滤器"对话框中，单击"新建"，在"过滤器名称"对话框中，输入过滤器的名称，单击"选择"，然后单击"确定"按钮进入"编 4.辑选择集"模式，在"编辑选择集"选项卡>"编辑选择集"面板上，使用以下工具：要将图元添加到过滤器，请单击（添加到选择集），然后在绘图区域中单击以选择要添加的图元；要从过滤器中删除图元，请单击（从选择集中删除），然后在绘图区域中单击以选择要删除的图元，单击（完成选择）以保存过滤器的选定图元，单击"过滤器"对话框中的"确定"按钮。

【注意】无法将类别添加到基于选择的过滤器。要使用选择框选择多个图元，请首先选择选项栏上的"多个"。绘制选择框，然后单击选项栏上的"完成"。

使用以前保存的选择过滤器的步骤：单击"管理"选项卡>"选择"面板>（载入）。在"恢复过滤器"对话框中，选择要使用的过滤器的名称，单击"确定"按钮。

修改以前保存的选择过滤器的步骤：单击"管理"选项卡>"选择"面板>（编辑）。在"过滤器"对话框中，选择一个过滤器并单击"编辑"。

【注意】要使用选择框选择多个图元，请首先选择选项栏上的"多个"。绘制选择框，然后单击选项栏上的"完成"。

为选择过滤器指定可见性参数的步骤：单击"视图"选项卡>"图形"面板>（可见性/图形）。在"可见性/图形替换"对话框中，单击"过滤器"选项卡。插入、删除或修改选择过滤器的可见性参数。

1.4 施工建模更新

1. 装配部件

支持在常规项目图纸中放置装配部件视图，在删除过程中手动传输装配部件图纸。

2. 零部件分隔

零件分隔支持链接模型中可被分隔的族，合并、排除、恢复零件，支持分割柱状、常规模型，能从更多的模型中创建零部件。

1.5 Atodesk360 渲染

在云端中进行更快且更高质量的渲染，2013 支持云端渲染和效能分析。

第2章　协同工作方式

任何建筑工程项目都需要建筑、结构、给排水、设备等方面的专业人员共同参与完成。如何在三维模式下实现各个专业间协同工作和协同设计，是各设计企业在推动三维应用时要实现的最终目标。Revit 系列工具提供了统一的工程建设行业三维设计 BIM 数据平台，可以使用链接或工作集的方式完成各专业之间或者专业内部协同工作。

2.1　链接模型

可链接 Revit Architecture、Revit Structure 和 Revit MEP 模型。链接模型主要用于链接独立的建筑。例如，图 2-1 所示的场地平面显示了链接到一个模型的 4 个建筑模型。

将模型链接到项目中时，Revit 会打开链接模型并将其保存到内存中。项目包含的链接越多，则其打开链接模型所需的时间就越长。链接的模型列在项目浏览器的“Revit 链接”分支中。可以将链接的 Revit 模型转换为组，也可以将组转换为链接的 Revit 模型。也可以镜像链接的 Revit 模型。

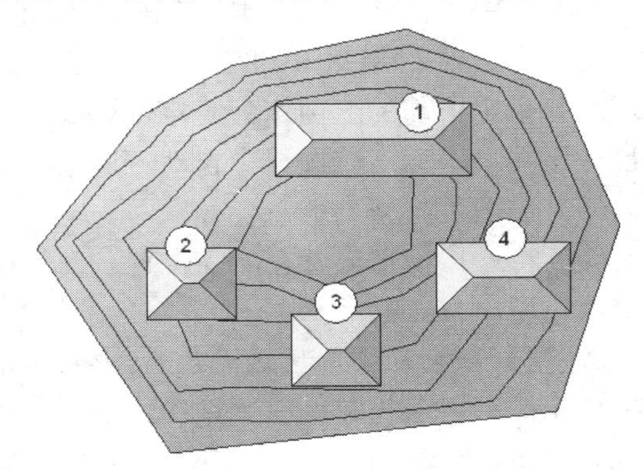

图 2-1

2.1.1　链接模型范围

场地或校园上的独立建筑，由不同设计小组设计或针对不同图纸集设计的建筑的若干部分不同规程之间的协调（例如，建筑模型与结构模型）；城市住宅设计中设计早期阶段的建筑重复楼层，其中增强的模型性能比完全的几何相互作用或完整细节更重要。

Revit 项目可以由许多单独的链接模型组成，以创建所有数据的组合模型。但是，在将一个项目分解为多个模型之前，应认真考虑以下限制和工作流。

（1）主体项目中的图元与链接模型中的图元的有限链接与相互作用使得图元无法清理或连接链接模型中的图元。但从单个链接模型内的几何图形可以生成一些图元，例如，房间和天花板轮廓。

（2）主体项目和链接模型之间的图元名称、编号和标识数据比较难于管理，可能会导致名称或编号重复。对于链接到一个项目的多个单元或重复单元，这一问题尤为突出。在这些情况下，应使用组来定义重复单元，而不要使用链接模型。

（3）主体项目和链接模型各自的项目标准可能会导致模型之间彼此不同步。

（4）为了保持良好的控制，需要对链接模型进行认真的管理。

2.1.2　建立模型链接工作流

（1）为项目的每个单独部分创建一个更小的项目，如图 2-2 所示。例如，在学校项目中，为学校的每个建筑创建一个单独的项目。在大型建筑项目中，为项目中每个单独管理的部分创建一个项目。例如，如果大型建筑有两个塔楼，则为每个塔楼创建一个单独的项目。

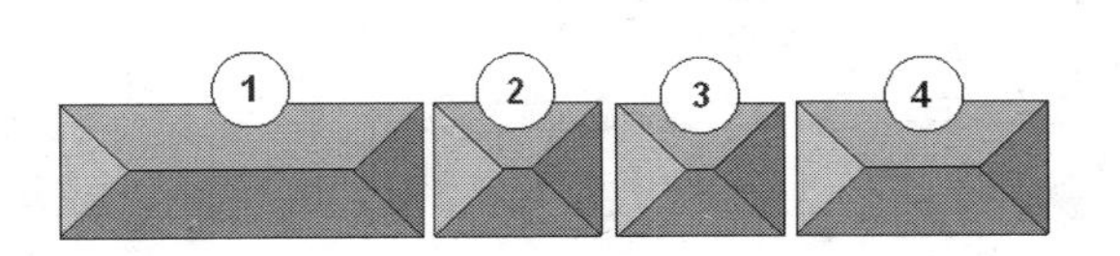

图 2-2

（2）再创建另一个项目，作为将链接到另一个项目的主项目，如图 2-3 所示。

（3）打开主项目，在包含各单独部分的项目中建立链接，如图 2-4 所示。

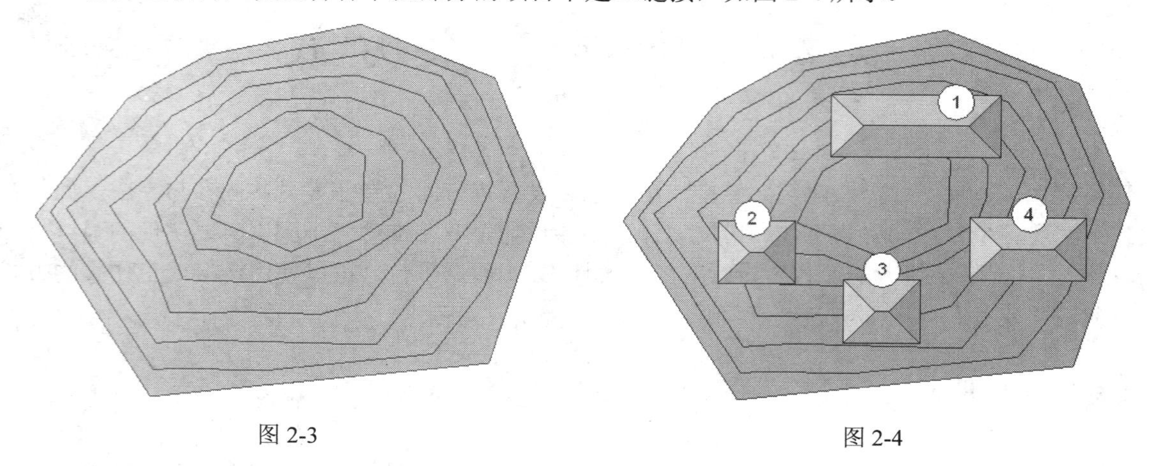

图 2-3　　　　图 2-4

2.1.3　创建链接的方法

（1）打开已有项目，或启动新项目，将把其他项目链接到此项目。

（2）单击“插入”选项卡>“链接”面板> （链接 Revit）。

（3）在“导入/链接 RVT”对话框中，选择要链接的模型。

（4）指定所需的选项作为“定位”（在大多数情况下，应该选择“自动—原点到原点”如果当前项目使用共享坐标，请选择“自动—通过共享坐标”）。

（5）单击“打开”。

（6）将链接模型放置在所需位置。在将模型链接到主项目时，可共享项目的坐标，以便可以正确定位该模型。

【注意】如果在绘图区域无法看到链接项目。在视图属性中，选择“协调”作为“规程”。该设置将确保视图显示所有规程（建筑、结构、机械和电气）的图元。要按半色调显示链接项目，请单击“可见性/图形替换”对应的“编辑”。在“Revit 链接”选项卡上，对于链接项目，选择“半色调”，然后单击“确定”按钮。

2.1.4　链接模型的可见性

控制链接 Revit 模型可见性与图形的参数在“可见性/图形”对话框中分组到其各自的选项卡“Revit 链接”。该对话框以树状结构排列，父节点表示单独文件（主链接模型），子节点表示项目中模型的实例（副本）。修改父节点会影响所有的实例，而修改子节点仅影响该实例。

“楼层平面：标高 1 的可见性/图形替换”对话框中的“Revit 链接”选项卡（见图 2-5）包含以下各列。

楼层平面: 标高 1的可见性/图形替换

模型类别 | 注释类别 | 分析模型类别 | 导入的类别 | 过滤器 | Revit 链接

可见性	半色调	基线	显示设置
☑ Building.rvt	☐	☐	按主体视图
☑ 4 (<未共享>)	☐	☐	未替换
☑ Project1.rvt	☐	☐	按主体视图
☑ 1 (<未共享>)	☐	☐	未替换
☑ SquareBuilding.rvt	☐	☐	按主体视图
☑ 2 (<未共享>)	☐	☐	未替换
☑ 3 (<未共享>)	☐	☐	未替换

图 2-5

（1）“可见性”：选中该列中的复选框可以在视图中显示链接模型，取消选中该复选框可以隐藏链接模型。

（2）“半色调”：选中该列中的复选框可以按半色调绘制链接模型。

（3）“显示设置”：这些选项用于替换当前主体视图中每个链接模型的其他设置。该按钮会显示当前的显示设置状态（按主体视图、按链接视图，或自定义）。链接的 Revit 模型的可见性由视图控制。可以使用视图样板保存特定视图的可见性设置，然后将其应用到其他视图。

2.1.5 修改链接模型中的线样式

使用“线处理”工具可以修改链接模型中边缘的线样式。要执行此操作，必须将视图的链接模型可见性属性设置为“按主体视图”。

在主体模型中，打开要在其中修改线样式的视图；输入 VG，或单击“视图”选项卡>“图形”面板>（可见性/图形）；在“可见性/图形替换”对话框中，单击“Revit 链接”选项卡，使用“线处理”工具修改链接模型中边缘的线样式。

2.1.6 按主视图显示链接模式

要指定应用于主体模型视图的过滤器和其他图形替换，同时也应用于该视图中的链接模型和嵌套模型，请使用“按主体视图”设置。

打开主体模型中的视图，单击“视图”选项卡>“图形”面板>（可见性/图形）。

在“可见性/图形替换”对话框中，指定视图中用于模型类别、注释类别和导入类别的替换。添加过滤器以应用于主体视图。

在“Revit 链接”选项卡上，对链接模型执行下列操作：在“可见性”列中，选中复选框。在“显示设置”列中，确保“按主体视图”显示出来，如图 2-6 所示。

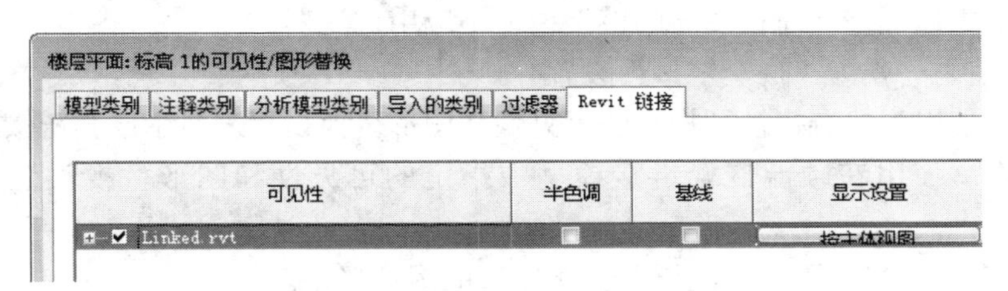

图 2-6

如果“按主体视图”未显示出来，请在“显示设置”列中单击。在“RVT 链接显示设置”对话框的“基本”选项卡中，选择“按主体视图”，然后单击“确定”按钮。

2.1.7 按链接视图显示链接模型

在主体视图中显示链接模型时，如果希望与其在链接视图中的状况一样，请使用“按链接视图”设置。

打开主体模型中的视图。单击“视图”选项卡>“图形”面板>（可见性/图形）。在“Revit 链接”选项卡上，对链接模型执行下列操作：在“可见性”列中，选中复选框。在“显示设置”列中单击；在“RVT 链接显示设置”对话框中的“基本”选项卡上，执行下列操作：选择“按链接视图”单选按钮，如图 2-7 所示。选择链接模型中的相应视图作为“链接视图”，对于当前主体视图中的链接模型将使用所

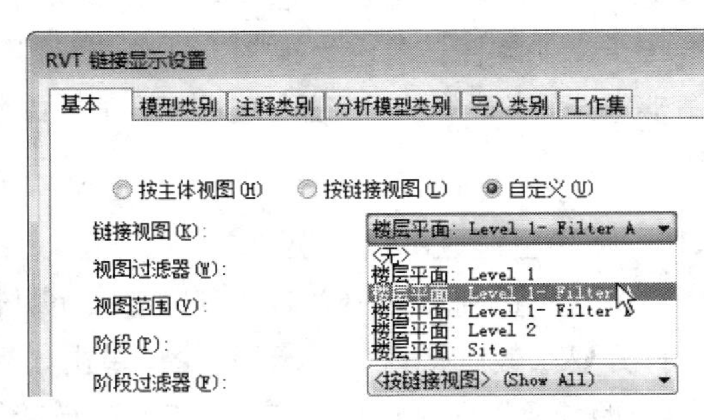

图 2-7

选视图的显示设置。

如果所选视图应用了过滤器，则该过滤器也将应用于当前主体视图中的链接模型。单击“确定”按钮两次，如果链接模型中包含另一个链接模型（嵌套模型），则嵌套模型将根据为链接视图所定义的设置显示在主体模型中。

2.1.8 自定义设置显示链接模型

主体视图中链接模型修改多个设置。打开主体模型中的视图，单击“视图”选项卡>“图形”面板>（可见性/图形），在“Revit 链接”选项卡上，对链接模型执行下列操作：在“可见性”列中，选中复选框，在“显示设置”列中单击。

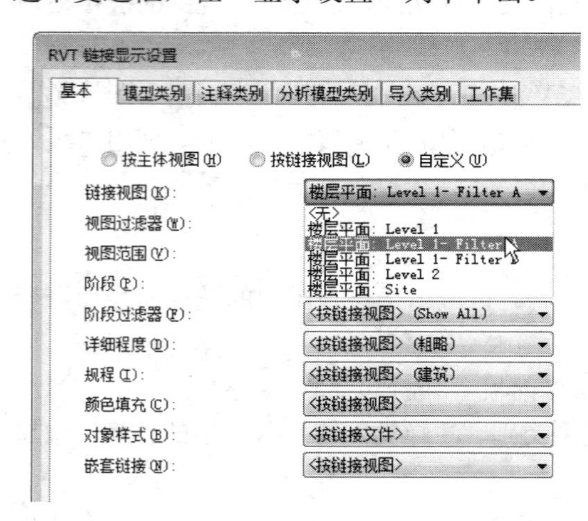

图 2-8

在“RVT 链接显示设置”对话框中的“基本”选项卡上，执行下列操作：如果选择了链接模型实例，请选中“替换此实例的显示设置”，选择“自定义”单选按钮，如图 2-8 所示。

（1）选择链接模型中的相应视图作为“链接视图”，对于当前主体视图中的链接模型将使用所选视图的显示设置。

（2）选择下列值之一作为“视图过滤器”设置，来影响链接模型（但不影响嵌套链接模型）。

1）按主体视图。使用应用于主体模型当前视图的过滤器来显示链接模型。

2）按链接视图。使用应用于指定链接视图的过滤器来显示链接模型。

3）“无”对于主体模型当前视图中的链接模型不应用过滤器。

（3）选择下列值之一作为“嵌套链接”设置。

1）按父链接。使用为父链接模型指定的可见性和图形替换设置来显示嵌套链接模型。

2）按链接视图。使用在顶层嵌套链接模型中指定的可见性和图形替换设置来显示嵌套链接模型。

（4）对其余选项，选择所需的值来控制链接模型的图形显示。

1）按主体视图。使用为主体视图指定的可见性和图形设置来显示链接模型。

2）按链接视图。使用指定链接视图的可见性和图形设置来显示链接模型。

要替换模型类别、注释类别、导入类别或设计选项的可见性设置，请单击该选项卡，并从下拉列表中选择“自定义”。

2.1.9 隐藏链接模型

将模型链接到项目中之后，可以修改可见性设置，以便链接模型在特定视图中不显示。打开要隐藏链接模型的视图，单击“视图”选项卡>“图形”面板>（可见性/图形）在“可见性/图形替换”对话框中，单击“Revit 链接”选项卡，在“可见性”列中，清除链接模型对应的复选框，单击“确定”按钮。

2.1.10 按半色调显示链接模型

将模型链接到项目中之后，可以修改可见性设置，以便链接模型在当前视图中按半色调显示。

打开要修改链接模型显示的视图。单击“视图”选项卡>“图形”面板>（可见性/图形），在“可见性/图形替换”对话框中，单击“Revit 链接”选项卡，在“半色调”列中，选中链接模型对应的复选框，单击“确定”按钮。

2.1.11 以团队形式的工作

使用工作共享，多个用户可以处理一个 Revit 项目中的不同零件。

工作共享通过中心模型的使用，允许同时访问共享模型。如果在使用的单个模型（一个 RVT 文件）中有多个团队成员参与工作，请使用工作共享。

使用链接模型，会将项目图元或系统分为可链接在一起的、单独管理的模型。链接模型可用在当项目包含不同建筑，或与来自其他领域的团队成员合作时，例如，结构工程师、机械工程师、建筑师。

2.2 创建工作共享

工作共享是一种设计方法，此方法允许多名团队成员同时处理同一个项目模型。在许多项目中，会为团队成员分配一个让其负责的特定功能领域。

工作共享如图 2-9 所示。

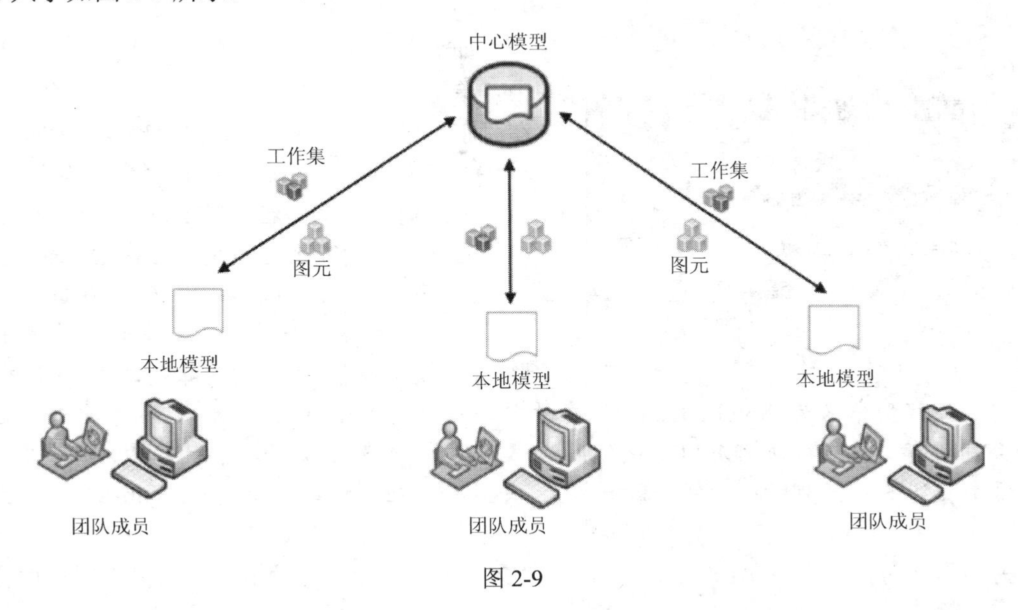

图 2-9

可以将 Revit 项目细分为工作集以适应这样的环境，可以启用工作共享创建一个中心模型，以便团队成员可以对中心模型的本地副本同时进行设计更改。

1. 工作集

在给定时间内，只有一个用户可以编辑每个工作集。所有团队成员都可查看其他团队成员所拥有的工作集，但是不能对它们进行修改。此限制防止了项目中的潜在冲突。可从不属于您的工作集借用图元。

2. 图元借用

通常而言，建议在中心模型的本地副本中工作，不要将工作集置于可编辑状态。编辑未被其他团队成员编辑的图元时，您将自动成为该图元的借用者，可根据需要对其进行修改。建议工作时经常与中心文件同步。默认情况下，同步即可放弃借用的图元，允许其他团队成员对其进行编辑。

要保留部分项目时，可使用工作集，这样只有已指定的用户可编辑该工作集中的图元。还要考虑创建工作集的以下这些优点。

（1）方便编辑：通过将项目划分为工作集，可更轻松地一次性使项目的整个部分处于可编辑状态。

（2）可见性控制：将 Revit 模型链接到其他 Revit 项目时，可以在项目中控制整体可见性。例如，链接 Revit 模型时，关闭“共享标高和轴网”工作集的可见性通常是很方便的。这样，不必在每个视图中分别关闭标高和轴网。

2.3 启动工作共享

启动工作共享时，需要从现有模型创建主项目模型，主项目模型也称为中心模型。中心模型将存储项目中所有工作集和图元的当前所有权信息，并充当该模型所有修改的分发点。所有用户都应保存各自的中心模型本地副本，在该工作空间本地进行编辑，然后与中心模型进行同步，将其所做的修改发布到中心模型中，以便其他用户可以看到他们的工作成果。

2.3.1 创建中心模型

打开要用做中心模型的 Revit 项目文件（RVT），单击“协作”选项卡>“工作集”面板>（工作集）。将显示“工作共享”对话框，如图 2-10 所示其中显示默认的用户创建的工作集（“共享标高和轴网”和“工作集 1”）。

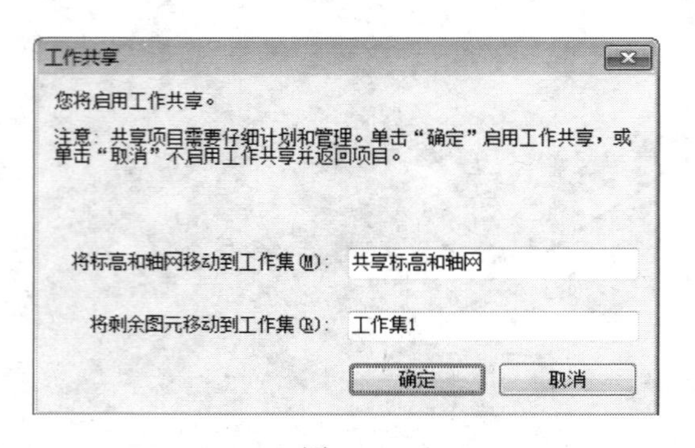

图 2-10

如果需要重命名工作集，在“工作共享”对话框中，单击“确定”按钮，将显示“工作集”对话框，在“工作集”对话框中，单击“确定”按钮，单击 >“另存为”>（项目），在“另存为”对话框中，指定中心模型的文件名和目录位置。指定中心模型的名称时，应使用能知道它是中心模型的命名约定。

【注意】由于原有版本的 2013 在备份文件名末尾附加小数点和数字字符串，因此文件名不应以该形式结尾。否则，不会创建正确的备份目录。例如，如果想要将中心模型命名为 hotel.2010.rvt，请考虑将其命名为 hotel_2010.rvt。保存中心模型时，务必将其保存到所有工作组成员都可以访问的网络驱动器上。如果在使用基于服务器的工作共享，Revit Server 必须安装到中心模型所在的任一计算机上，并且必须在该计算机上的 RSN.ini 文件中启用 Host 角色。

在“另存为”对话框中，单击“选项”，在“文件保存选项”对话框中，选择“保存后将此作为中心模型”。

【注意】如果这是启用工作共享后首次进行保存，则此选项在默认情况下是选中的，并且无法进行修改。

为本地副本选择默认工具集。在“打开默认工作集”中，选择下列选项之一，单击“确定”，在“另存为”对话框中，单击“保存”按钮。

工作集默认设置及说明如表 2-1 所示。

表 2-1

工作集默认设置	说　明
全部	打开中心模型中的所有工作集。在较大的项目中，打开所有工作集会显著降低性能
可编辑	打开所有可编辑的工作集。根据中心模型中可编辑工作集的数目，该选项可能会显著降低较大项目中的性能
上次查看的	根据工作集在上次 Revit 任务中的状态打开工作集。仅打开上次任务中打开的工作集。如果是首次打开该文件，则将打开所有工作集
指定	打开指定的工作集。单击“打开”时，将显示“打开的工作集”对话框。 初始状态基于上次打开该文件的时间。指定不同的工作集，或单击“确定”按钮确认默认设置。 按 Ctrl+A 组合键可选择此对话框中的所有工作集。

现在该文件就是项目的中心模型了。Revit 在指定的目录中创建文件，并为该文件创建一个备份文件夹。

备份文件夹包含中心模型的备份信息和编辑权限信息。Revit_temp 文件夹包含将有关操作的进度信息提供给 Worksharing Monitor 的文件。由于已启用工作共享，所以可以使用工作共享显示模式。

2.3.2 设置工作集

启用工作共享时，Revit 创建 2 个默认的工作集，共享标高和轴网，包含所有现有标高、轴网和参照平面，可以重命名该工作集。

（1）工作集 1：包含项目中所有现有的模型图元，创建工作集时，可重新将“工作集 1”中的图元重新指定给相应的工作集，可以对该工作集进行重命名，但是不可将其删除。

（2）族：项目中载入的每个族都被指定给各个工作集，不可重命名或删除族工作集。

（3）视图：包含所有项目视图工作集。例如，将“楼层平面：标高 1”视图指定给名为“视图：‘楼层平面：标高 1’”的工作集。“视图”工作集包含视图属性和任何视图专有的图元，例如，注释、尺寸标注或文字注释。

如果向某个视图添加视图专有图元，这些图元将自动添加到相应的视图工作集中。不能使某个视图工作集成为活动工作集，但是可以修改它的可编辑状态，这样就可修改视图专有图元（例如，平面视图中的剖面）。如果不可编辑剖面视图的关联工作集，则修改工作集的可编辑状态，这样就可对其进行编辑。不能将视图专有图元从某个视图工作集重新指定给其他工作集。不能重命名或删除视图工作集。

（4）项目标准：包含为项目定义的所有项目范围内的设置（例如，线样式和填充图案）。不能重命名或删除项目标准工作集。

为获得项目标准工作集的完整列表，请执行下列操作。

（1）在工作共享文件中，单击“协作”选项卡>“工作集”面板> （工作集）。

（2）在“工作集”对话框中，在“显示”字段中仅选择“项目标准”复选框，如图 2-11 所示，所有项目标准工作集都将显示在“名称”列中。

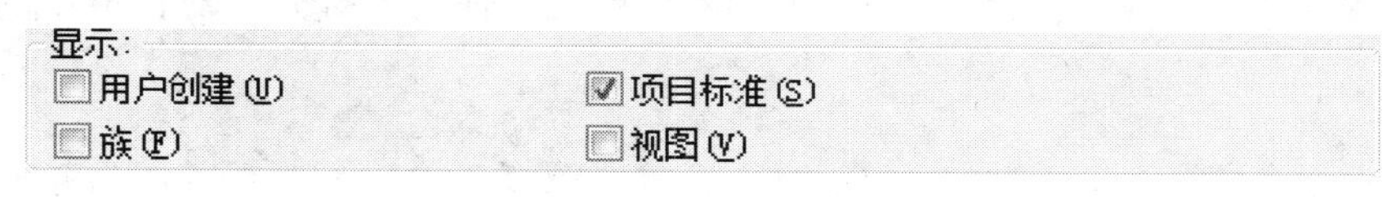

图 2-11

2.4 开始工作共享

每位团队成员将在本地网络或硬盘驱动器上创建中心模型的副本，以开始使用工作共享。

2.4.1 管理团队项目

当决定将某个项目共享以供团队成员同时处理时，需要确定项目的共享方式。根据项目的复杂性和规模以及团队成员的地理位置，可以采用基于文件或基于服务器的工作共享方法。在基于文件的工作共享方法中，中心模型存储在所有团队成员都可访问的网络位置的文件中。通过基于服务器的工作共享，中心模型存储在一台或多台 Revit Server 上，团队成员在 WAN 内进行通信时可以使用本地 Revit Server Accelerator 来访问模型，从而提高性能，除了中心模型的存储位置不同之外，两种方法的工作流基本相同。

2.4.2 使用工作集

打开工作集，使其在项目中可见，将工作集设置为可编辑状态，编辑工作集，与中心模型同步，或者从中心模型重新载入最新的修改。

典型的工作共享任务包括以下各项：创建中心模型的本地副本，通常情况下，建议每天创建中心模型的一个本地副本，创建中心模型的本地副本后，该副本就是用来工作的文件。打开并编辑中心模型的本地副本。通过借用图元或使用工作集可进行编辑，将修改发布到中心模型，或从中心模型获取最新的修改。

【注意】发布修改称为与中心文件同步。只需从中心模型重新载入最新的更新，即可更新本地的中心模型副本，而不必与中心进行同步。而且，当执行“与中心文件同步”时，本地的中心模型副本也将用其他团队成员保存到中心模型中的最新修改进行更新。非现场或脱机工作无须连接到网络也可进行修改，还可打开或编辑工作集。这对于非现场工作和远程访问中心模型的团队成员是非常有用的。

警告：脱机工作会使项目处于不安全状态。

执行“与中心文件同步”时，软件会在保存前从中心模型载入最新的修改。

1. 升级工作共享项目

将中心模型升级到新版本的 Revit 之前，建议为当前版本中的每个工作共享项目创建一个中心模型备份副本，这些备份副本仅供新中心模型损坏时使用。

重要信息：如果中心模型中存在链接模型，则在升级中心模型之前必须先升级这些链接模型文件。

2. 在当前版本的 Revit 中创建中心模型的备份副本

指示所有团队成员与中心模型进行同步，放弃所有图元，并关闭各自的中心模型本地副本。使用 Windows 资源管理器复制中心模型及其备份文件夹，在新版本中打开中心模型。

提示在选中“核查”选项的情况下打开中心模型，以发现并解决所有可能损坏的图元。该过程可能会耗费更多时间，但可以阻止潜在问题的出现。

单击 >“另存为”> （项目），在“另存为”对话框中，单击“选项”，在“文件保存选项”对话框中，选择“保存后将此作为中心模型”，单击“确定”按钮，导航到升级后中心模型的存储目录，并相应地为其命名，单击“保存”按钮，指示所有团队成员打开中心模型，并使用 >“另存为”>“项目”，创建中心模型的本地副本。或者，使用“打开”对话框中的“创建新本地文件”选项。

2.5 工作共享显示模式

使用工作共享显示模式可以直观地区分工作共享项目图元，可以使用工作共享显示模式来显示。**检出状态：**图元的所有权状态；**所有者：**图元的特定所有者；**模型更新：**已与中心模型不同步或已从中心模型中删除的图元；**工作集：**已知图元指定的特定工作集。

【注意】工作共享显示模式命令仅在项目中启用工作共享后，才会显示在“视图控制”栏上。

在启用工作共享显示模式时，会出现以下情况以显示样式：线框保留为线框；隐藏线保留为隐藏线；所有其他显示样式切换为隐藏线；阴影关闭，当关闭工作共享显示模式时，原始显示样式设置将自动重设。

【注意】在工作共享显示模式中，可以更改显示样式或重新启用阴影。请注意，如果执行此操作，工作共享显示颜色可能无法以预期的方式显示。

工作共享显示模式使用假面以及编辑模式。请注意，在编辑模式下，图元（如绘制线）可能会根据在工作共享显示模式下启用的颜色显示。可以根据需要启用或禁用工作共享显示模式，以避免与编辑模式混淆。

工作共享显示模式可与“临时隐藏/隔离”一起使用。如果处于两种模式下，图元的颜色由工作共享显示颜色确定，图元的可见性受“临时隐藏/隔离”的影响。

2.5.1 管理中心模型

中心模型是工作共享项目的主项目文件。中心模型将存储项目中所有图元的当前所有权信息，并充当发布到该文件的所有修改内容的分发点。所有团队成员将保存各自的中心模型本地副本、在本地进行工作，然后使用“与中心文件同步”命令将他们对模型所做的编辑与中心模型进行同步。

2.5.2 移动中心模型

确保所有团队成员单击“协作”选项卡>“同步”面板>“与中心文件同步”下拉列表>（立即同步），以将其工作保存到当前的中心模型位置。

可以使用 Windows 资源管理器或 DOS 命令将文件移到新位置。如果移动而不是复制中心模型，则可以避免团队成员处理旧文件的风险。

从新位置打开中心模型，将显示一个对话框，通知您中心模型已经移动，必须将其重新保存为中心模型。单击“确定”按钮以继续。单击 >“另存为”>（项目），在“另存为”对话框中，单击“选项”。在“文件保存选项”对话框中，选择“保存后将此作为中心模型”，然后单击“确定”按钮。在“另存为”对话框中，单击“保存”按钮。每个团队成员都应创建一个新的本地文件。

【注意】如果发现仅有一个本地文件没有保存到中心，可以单击“协作”选项卡>“同步”面板>“与中心文件同步”下拉列表>“同步并修改设置”，然后通过“浏览”选项定位到新的中心模型位置，以将该文件保存到新位置。只有在将任何其他修改保存到新的中心位置之前，才能成功执行此操作。

如果中心模型的旧版本仍保留在原位置处，可以将其删除或置为只读状态，以防止其他团队成员将修改保存到该旧版本的中心模型。

2.6 碰撞检查

使用“碰撞检查”工具可以找到一组选定图元中或模型所有图元中的交点。在设计过程中，可以使用此工具来协调主要的建筑图元和系统。使用该工具可以防止冲突，并可降低建筑变更及成本超限的风险。

2.6.1 碰撞检查工作流

常用的碰撞检查工作流如下：建筑师与客户会晤，并建立一个基本模型，将建筑模型发送到拥有来自其他分支领域的成员（如结构工程师）的小组，这些成员设计自己的模型版本，然后由建筑师进行统筹链接并检查冲突。小组中来自其他分支领域的成员将模型返回给建筑师，建筑师对现有模型运行“碰撞检查”工具，碰撞检查时会生成一个报告，并指明不希望发生的冲突行为，设计小组就冲突进行讨论，然后制定出解决冲突的策略方案，指派一个或多个小组成员解决所有冲突。

一般情况下可以进行碰撞检查的图元有：结构大梁和檩条；结构柱和建筑柱；结构支撑和墙；结构支撑、门和窗；屋顶和楼板；专用设备和楼板；当前模型中的链接 Revit 模型和图元等。

2.6.2 运行碰撞检查

在视图中选择一些图元，单击“协作”选项卡>“协调”面板>“碰撞检查”下拉列表>（运行碰撞检查），将打开“碰撞检查”对话框，如果在视图中选择了几个图元，则该对话框将进行过滤，以便仅显示选择的那些图元类别；如果未选择任何图元，则对话框将显示当前项目中的所有类别，在该对话框中，从位于左侧的第一个“类别来自”下拉列表中选择一个值。

【注意】如果选择了一个链接的 Revit 模型来运行检查，则必须从该选项中选择其名称。例如，如果选择了名为 Mylink1 的链接模型，请从“类别来自”下拉列表中选择该名称。选择名称后，将列出链接模型中的图元类别。

如果没有要报告的冲突，则会显示一个对话框，通知您未检测到冲突；如果有要报告的冲突，则会显示“冲突报告”对话框。该对话框会列出相互之间发生冲突的所有图元，冲突根据生成检查的方式进行分组。默认情况下，冲突被分组为“类别1”和“类别2”可以将这种分组改为“类别2”和“类别 1”。例如，如果运行屋顶与楼板的碰撞检查，则对话框会先列出屋顶类别，然后列出与屋顶有冲突的楼板。

要查看其中一个有冲突的图元，请在“冲突报告”对话框中选择该图元名称，然后单击“显示”；要解决冲突，请在视图内单击，然后修改重叠的图元。“冲突报告”对话框仍保持可见。解决问题后，在“冲突报告”对话框中单击“刷新”，如果问题已解决，则会从冲突列表中删除发生冲突的图元。

【注意】“刷新”仅重新检查当前报告中的冲突，它不会重新运行碰撞检查。

如果由于没有小组成员的进一步工作而无法解决所有冲突，可以生成 HTML 版本的报告。在“冲突报告”对话框中，单击“导出”。输入名称，定位到保存报告的所需文件夹，然后单击“保存”按钮，在“冲突报告”对话框中，单击“关闭”按钮。

要再次查看生成的上一个报告，请单击“协作”选项卡>“协调”面板>“碰撞检查”下拉列表>（显示上一个报告），该工具不会重新运行碰撞检查。

2.6.3 碰撞检查处理

碰撞检查的处理时间可能会有很大不同。在大模型中，对所有类别进行相互检查费时较长，建议不要进行此类操作。要缩减处理时间，请选择有限的图元集或有限数量的类别。

要对所有可用类别运行检查，请在“碰撞检查”对话框中单击“全选”，然后选择其中一个类别旁边的复选框。单击“无”将清除所有类别的选择，单击“反选”将在当前选定类别与未选定类别之间切换选择。

第 3 章 Revit 与 Navisworks 的协同应用

建筑行业需要多专业、多工种协同，因此为了最大限度地发挥 BIM 的优势，就离不开软件之间的协作，Revit 与 Navisworks 之间协同式是从简化设计模型施工模型的转换过程，Revit 往往只专注设计层面的应用，缺乏对施工的需求，建筑师需要花费大量的时间把建筑模型转换为施工模型，通过 Navisworks 可以提高模型的转换效率，从而提高 BIM 流程的效率。

3.1 按施工将设计模型分割为零件

1. 在 Revit 中创建零件

根据施工要求，将面图元分割为若干部分。选择需要拆分的图元，单击（创建零件），再单击（分割部件）通过画线或者标高线来分割图元在视图中显示零件。

2. 导出包含零件的模型

NWC 格式：当导出格式为 NWC 格式时，在设置中勾选“转换结构件”复选框，如图 3-1 所示。若不勾选则导出的还是原来的对象，勾选后导出的才是部件的形式。

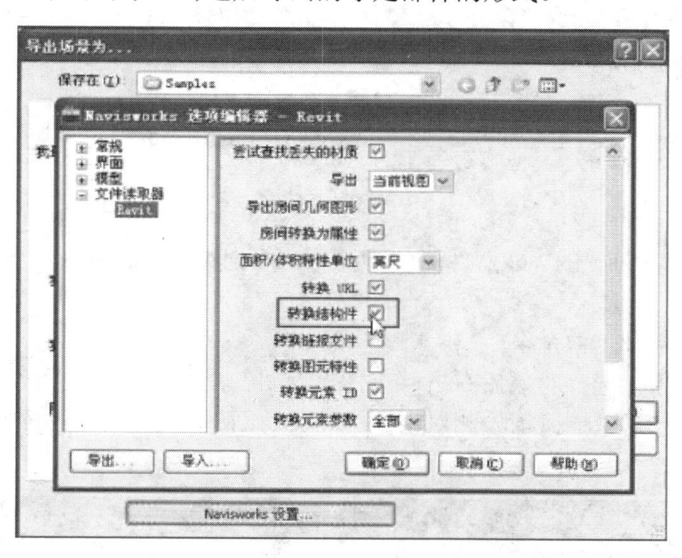

图 3-1

DWF 格式：默认导出部件的形式。

3.2 Revit 和 Navisworks 之间快速定位对象

现在应用比较典型的工作流程就是在 Revit 中创建模型，模型创建完成后将模型放置到 Navisworks 中进行检查和校核，Navisworks 不具有修改功能，校核完成后还得将模型返回到 Revit 中进行修改，然后再返回来做检查、校正这样一个过程，这样就需要在 Revit 和 Navisworks 之间形成一个对象的联系，如图 3-2 所示。在 2012 版本以前在 Revit 中做修正时只能靠轴线去定位它进行修改。

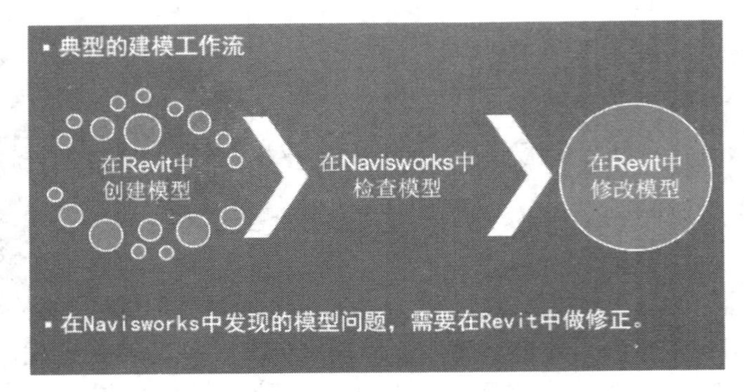

图 3-2

1. 返回（SwitchBack）功能

使用返回功能，可以在 Revit 中选中已在 Navisworks 中选中的对象。当在 Navisworks 中选中一个对象，使用返回命令可以在 Revit 中同时选中这个对象进行修改。

步骤如下。

（1）将模型以 NWC 模式导出（只能以 NWC 格式导出，不支持其他格式）。

（2）在 Revit 中激活返回功能：在 Revit“附加模块”选项卡中单击“外部工具”命令的下拉菜单中选择 Navisworks SwitchBack 命令，如图 3-3 所示。每当关闭 Revit 进程打开时就得先来激活此功能再来进行其他操作。

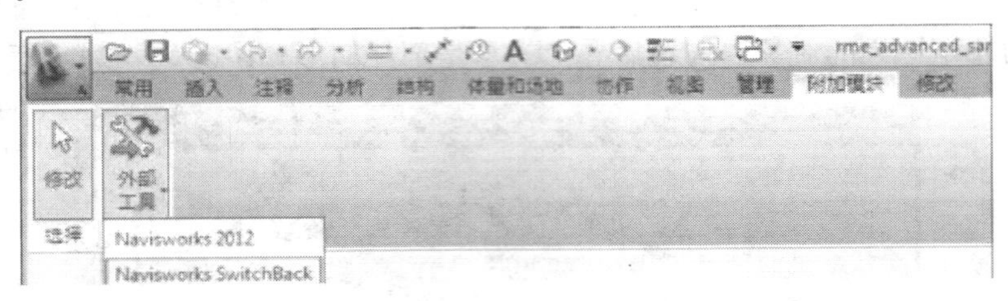

图 3-3

（3）在 Naviswork 中导入该 NWC 文件，使用返回命令：把在 Navisworks 中选中的对象同时在 Revit 中去做选中。

2. Navisworks 使用两种返回命令

（1）定位选中的对象：选择对象后右击，选择“返回”命令就可以返回到 Revit 界面中。

（2）定位发生碰撞的对象：碰撞检测对话框中的“返回”命令也可以回到 Revit 界面中。两种返回命令如图 3-4 所示。

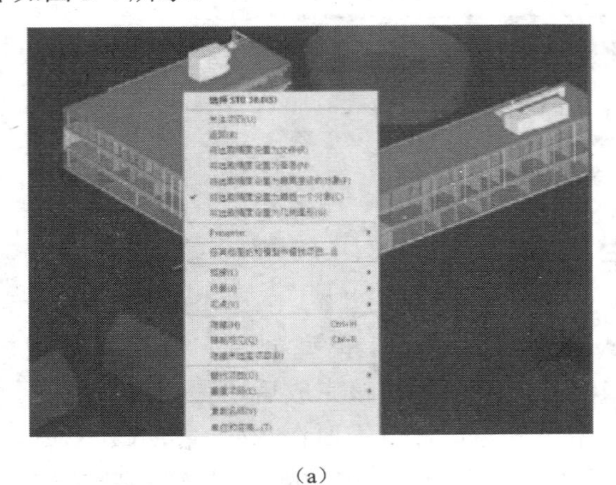

（a）

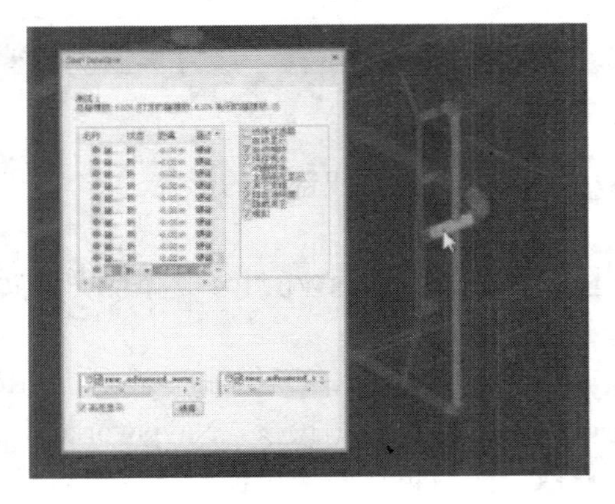

（b）

图 3-4

3. 使用图元 ID

图 3-4 讲的是在 Navisworks 中选择一种对象返回到 Revit 中选中相同的对象，有时需要做一个双向的选择，此时可以用“图元 ID（Element ID）”来做这个工作，因为 Navisworks 中的 ID 和 Revit 中的 ID 是相同的 ID，所以可以用它来做一个双向的选择。

【注意】当从 Navisworks 中返回到 Revit 中时，Revit 中的视图不会自动旋转到适合的角度，或者缩放视图到合适的大小，如图 3-4 所示，有时选择的对象可能在建筑物的内部，此时需要隐藏一些不需要的部件才能看到返回中的图元：返回图元位置发生移动或者文件名变更时，在导出 NWC 文件时候系统会在里面记录原先 Revit 这个文件.rvt 文件的目录，如果把这个文件移动过了，当再去使用返回命令的时候会提示你重新定位这样一个文件，重新定位以后这个功能依然是可以使用的。

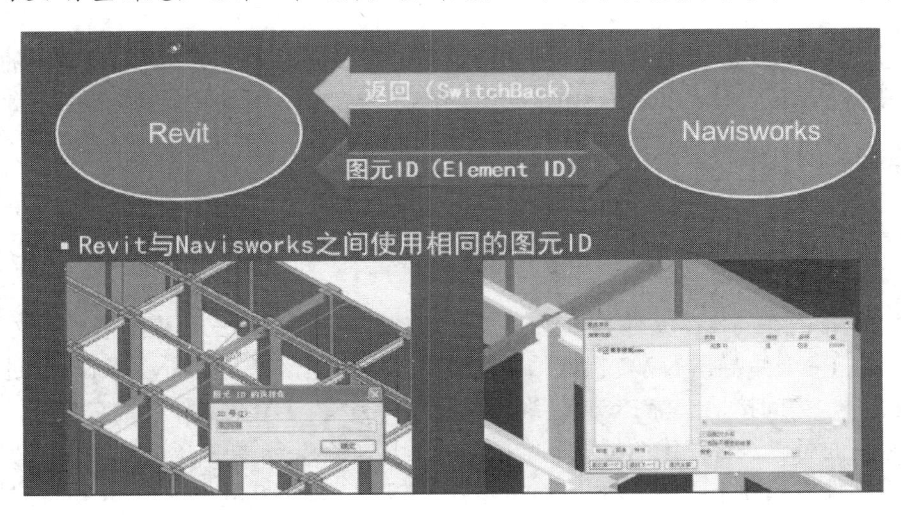

图 3-5

3.3 Navisworks 对图纸的支持

3.3.1 Navisworks 不支持二维图纸

Revit 中的二维图纸和 Navisworks 中的三维模型如图 3-6 所示。

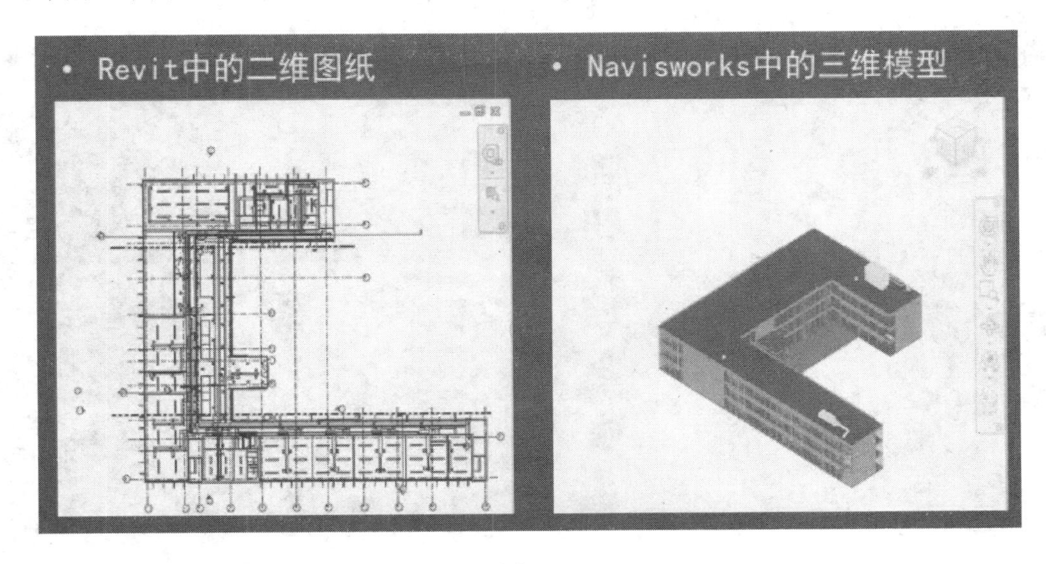

图 3-6

在 3D 模型非常接近和展现已完成项目的实际外观的同时，各种项目利益相关人和现场的工人可能会更加熟练地使用二维平面图和立面图，而 Revit 的设计往往是以图纸形式交给施工方的，在 Navisworks 2011 及以前的版本中只支持三维模型的浏览不支持二维图纸，它们的工作流程如图 3-7 所示。

图 3-7

如果 Navisworks 能够支持图纸与模型的结合这样一种多页的文件以及对项目数据的表示方法，这样就能更好地支持 Revit 到 Navisworks 中的一个工作流，在 2011 版本以后就能很方便地解决此问题。

3.3.2 Navisworks 项目浏览器

使用 Navisworks 中的项目浏览器选项板，列出“多页文件”中的所有图纸和模型。通过 Revit 导出功能创建多页的 DWF/DWFx 文件。将模型以 NWC 格式导出。将二维图纸（DWF/DWFx）与模型（NWC）在项目管理器中集成在一起

多页文件就是指：在同一个文件当中包含了多页的二维图纸或者三维模型信息的文件，在传统的工作流程当中，在 Revit 中导出 NWC 模式的时候支持三维模型信息的，Navisworks 通过用 DWF 这种文件格式作为中介，去间接地支持 Revit 二维图纸的文件类型，DWF 文件格式它是可以用 Revit 导出的文件类型，它里面可以包含二维图纸和三维模型的信息，当 Revit 导出了多页 DWF 文件格式之后再将模型以 NWC 文件格式导出，然后将从 Revit 导出的 NWC 文件与相同的 Revit 项目中导出文件任何的二维图纸结合在一起，从而就可以形成一个多页文件。

在项目浏览器中可以看见二维的图纸和三维模型都被加载到同一个对话框当中，如图 3-8 所示。当选中某一个图纸或者视图的时候，它的一些特征也别加载到项目浏览器当中，可以在项目浏览器中对这一些图纸和视图进行管理。

单击右上角“从文件插入”按钮，弹出一个“从文件插入”对话框，如图 3-9 所示。在对话框中就可以选择任何一个 Navisworks 支持的文件格式，同时把它加载到项目浏览器中，也就是说项目浏览器不仅仅是一个支持多页文件的浏览器，它还支持多个文件打开的浏览器。

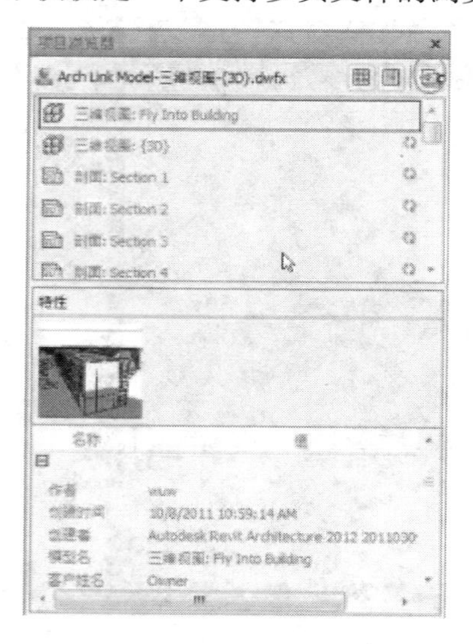

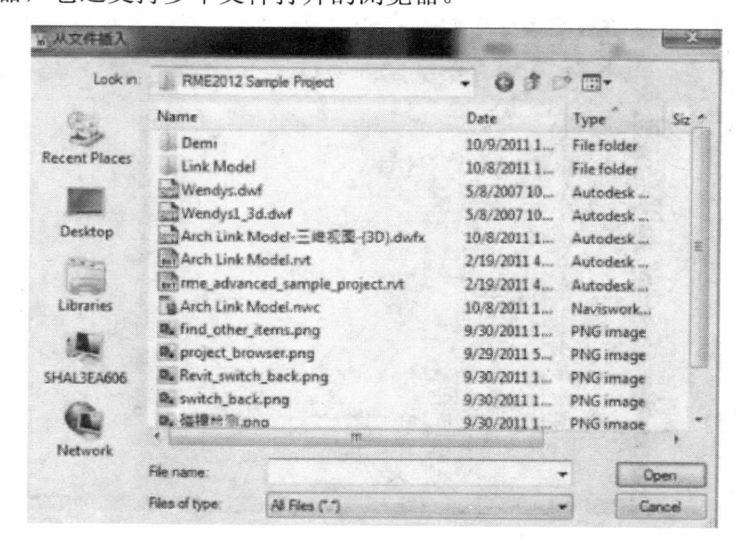

图 3-8　　　　图 3-9

Navisworks 2012 支持更新的工作流程。在 Revit 中创建模型，可以导出二维的 DWF（x）图纸也可以导出三维的 NWC 模型和 DWF（x）模型，接着在 Navisworks 中导入图纸和模型并且在项目浏览器中进行管理，如图 3-10 所示。

3.3.3 在模型中查找项目

Navisworks 2012 支持二维图纸，就应有二维图纸和三维模型互动的功能，在 Navisworks 中提到的项目就是 Revit 中提到的图元、对象，只是翻译出来的不一致所造成的。

步骤：在图纸或模型中选中一个对象，在其他图纸和模型中查找对象。

在 Navisworks 中的图纸或者模型中选择一个对象，右击菜单就可以看到在其他图纸或模型中查找项目，单击打开后，弹出一个“在其他视图和模型中查找项目”对话框，如图 3-11 所示。可以看到所有图纸中只要是包含相同元素 ID 信息的页都会加载到对话框中，在对话框中可以切换不同的视图和模型，单击“查看”按钮就回到相应的模型中进行查看对象。

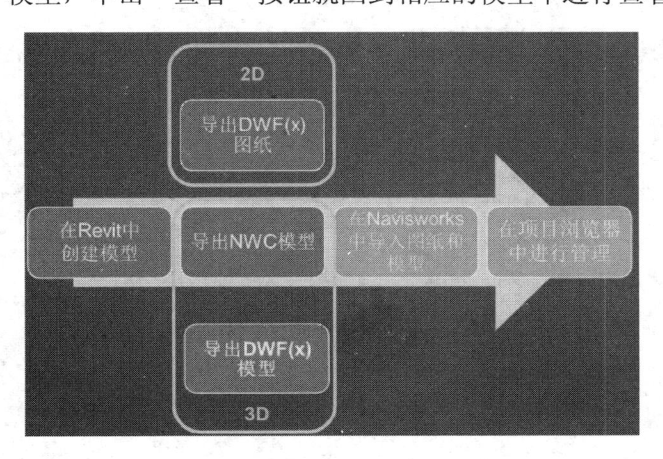

图 3-10

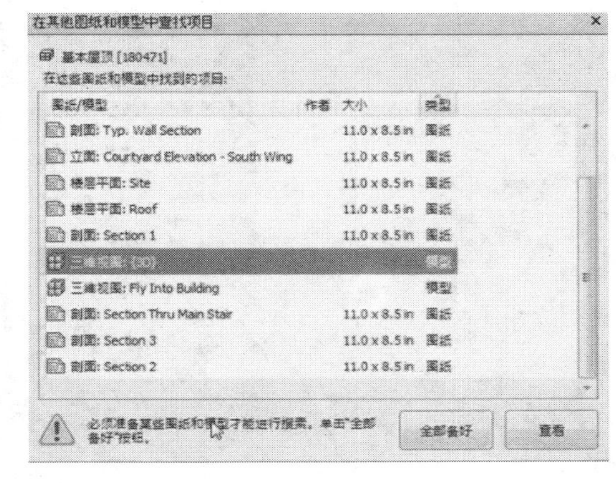

图 3-11

3.4 Revit 中的链接文件

在 Revit 模型中，通常会将一个模型链接到另一个模型中，以便在处理大型项目中更加方便地管理或者提高性能。可以链接各种各样的模型，例如建筑、结构、水暖电等文件都可以作为链接文件放到主文件中去，链接 Revit 的模型主要用于链接独立的建筑。

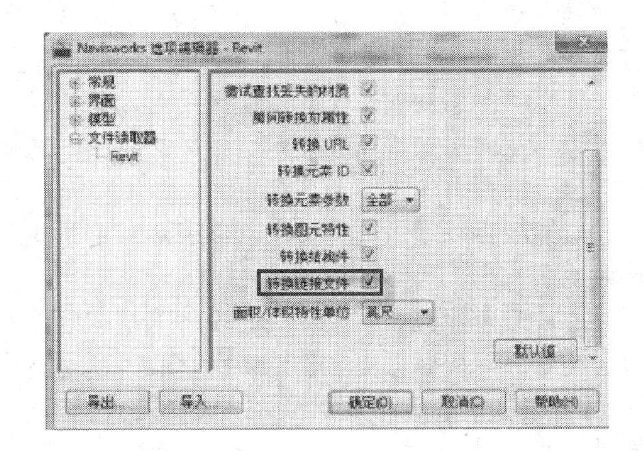

图 3-12

3.4.1 在 Navisworks 中找到链接文件

导出包含链接的模型，Revit 导出的 NWC 格式，可以在 Navisworks 选择编辑器中，选择“转换链接文件”复选框，如图 3-12 所示。只要选择复选框，Revit 的链接文件信息就会自动导出到 NWC 模型中。

3.4.2 链接文件碰撞检测

单击“选择树”，在选择树对话框中，可以看到两个链接文件都已放到了文件当中，选择任何一个链接文件对它进行整体的操作。完成后可以对主文件与链接文件或者链接文件与链接文件中进行碰撞检测。

检测碰撞步骤：将鼠标移到Clash Detective控制栏上，并使其保持打开状态。在“选择”选项卡中可以定义碰撞测试。分为左侧和右侧两个区域，它们都包含选择树的相同副本。在每个树下，都将看到选项卡“标准”、“紧凑”等。向右滚动选项卡，然后选择左侧和右侧的“集合”选项卡。在左侧树中，选择Supply Air System；在右侧树中，选择Structural Framing Steel，确保在这两侧都取消选中了“自相交”（因为不希望对各侧自身进行碰撞检查），应该将“运行”类型设置为“硬碰撞”，查找左侧项目和右侧项目之间的物理相交，应该将“公差”设置为1mm；因此将忽略找到的其干涉小于1mm的任何碰撞，单击“开始”按钮执行碰撞测试，如图3-13所示。

图 3-13

转到“结果”选项卡，然后单击 Clash 3，将自动放大到碰撞区域，但是视图可能不清晰，或者有对象（如天花板）遮挡了视图。

使用“动态观察”工具围绕碰撞对象移动以查找首选视点。选择“其他变暗”选项以灰显其他所有对象，从而进一步高亮显示有问题的对象。选择“降低透明度”选项，从而可以透视碰撞中未涉及的对象。

碰撞项目以红色高亮显示，以表示它是新找到的碰撞（还有其他颜色用于碰撞管理，在此就不进行讨论了）。

通过此碰撞检查，注意到一段上部结构穿过了一段风管。碰撞项目的详细信息显示在“结果”选项卡的底部，从而可更轻松地识别它们，自动隐藏Clash Detective控制栏。

【注意】在审阅过程中，必须决定是否批准碰撞，或者是否需要采取操作。Autodesk Navisworks提供了用于为碰撞结果添加注释和标记的工具，可以记录碰撞结果并保存为核查追踪的一部分，或者进行其他操作（例如，再传递给工程团队以建议对风管重新布线）。对原始CAD文件进行任何更改后，就可以重新运行碰撞检测以确定更改是否解决了碰撞问题，并确认更改未导致与其他项目碰撞。

3.5 四维施工模拟

使用 Navisworks 可以将现有的三维模型与现有的施工明细表链接在一起以添加新值。使用 Navisworks 可以创建四维模拟，从而在施工过程开始之前先行体验。

导航到建筑的清晰视图，将鼠标移到 TimeLiner 控制栏上，并使其保持打开状态，转到“链接”选项卡。在“名称”列下右击，然后选择“添加链接”>Microsoft Project MPX。浏览到 Examples > Getting Started 目录，选择 Conference Center mpx，然后单击“打开”按钮。

在“字段选择器”对话框中，将 TimeLiner 中的列与明细表（MPX 文件）中的对应列相映射。将“任务类型导入”字段的“外部字段名称”设置为 Text 10。对于所有其他字段，将使用默认值。单击“确定”按钮。

在“名称”列中的“新建链接”上右击，然后选择“通过链接重建任务层次”转到“任务”选项卡。现在它将显示从 MPX 文件导入的所有数据。注意每个任务都有开始日期和结束日期。您还可能注意到，任务名称再一次对应于之前添加的常规搜索集，转到“规则”选项卡，选中选项“使用相同的名称(区分大小写)将 TimeLiner 任务从列名称映射到选择集”，然后单击“应用”按钮。转到“模拟”选项卡，有一个从项目开始到项目结束的时间轴，从而可以随时查看此项目。还可以单击“播放”按钮播放整个模拟。离开 TimeLiner 时单击“任务”选项卡。

3.6 对象动画

Navisworks 能够为组合模型场景中的对象制作动画。可以制作各种各样的动画，一些示例可能包括开门动画、围绕施工现场移动车辆或起重机动画、工业设备厂中机械组件/机器或生产线的动画。

单击 Animator 控制栏，导航到一个室内门 36×84，如图 3-14 所示。单击“添加” 按钮，然后选择“添加场景”，选择该门，您将注意到门框也处于选定状态，打开“选择树”控制栏，并使其保持打开状态。展开选择树以查看门组件。选择门组件，但不包括自动隐藏“选择树”控制栏。

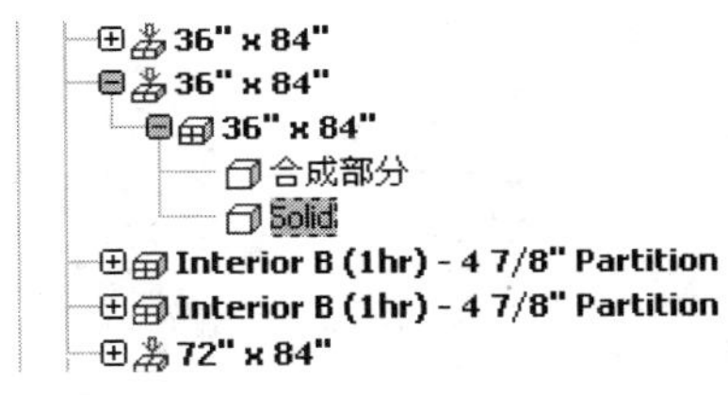

图 3-14

再次单击“添加”按钮，然后选择“添加动画集”>“从当前选择”。将该动画集重命名为 InternalDoor。单击“旋转”按钮，将显示小控件，它位于门的中心，将光标移到小控件的中心黄色节点上。当可以控制小控件时，光标将变为手形，按住 Ctrl 键，然后按住鼠标左键并移动小控件，直到 z 轴（蓝色）与门的边缘（门铰链所在的位置）对齐。

单击“捕捉关键帧” 按钮。此关键帧在时间轴上由黑色菱形表示，并位于零秒位置，将黑色的时间轴位置条拖动到 3s 左右，在小控件上，x 轴和 y 轴之间有一个蓝色弧。将光标悬停在该蓝色弧上（光标将再次变成手形），按住鼠标左键并拖动该弧以将门打开。将门打开大约 90°。

再次单击“捕捉关键帧”按钮，另一个黑色菱形将添加到时间轴上的 3s 位置。再次单击“旋转”按钮以取消激活小控件。

动画完成后，前后拖动时间轴条以打开和关闭门，或者使用播放控件。

创建对象动画后，Navisworks 允许将它们与可由用户触发的事件相关联。以上一部分中开门的简单动画为例，可以创建一个在靠近门时播放该动画的脚本。让我们了解一下这是如何实现的：停止 Animator 回放，并取消选中“往复播放”、“无限播放”和“循环播放”选项，然后单击 Scripter 控制栏，单击“添加新脚本”按钮，将脚本重命名为 Open Door。在“事件”部分中，单击“启用热点”

按钮。在“特性”部分中，单击“拾取…”按钮。这样，光标将变成十字光标。单击门的中心，将“半径”值更改为 2m。因此，此热点是半径为 2m 的球体，位于门的中心。当进入该球体时，将触发事件。在“动作”部分中，单击“播放动画”按钮。在“特性”部分中，单击“动画”下拉列表，展开 Scene 1，然后选择 Internal Door 动画，将“开始时间”从“开始”更改为“当前位置”，如图 3-15 所示。在使用此脚本之前，将先创建用于关门的另一个脚本。

单击“添加新脚本” 按钮，将脚本重命名为 Close Door。在“事件”部分中，单击“启用热点”按钮。在“特性”部分中，单击“拾取…”按钮，然后单击门的中心，将“半径”值更改为 2m，将“触发时间”从“进入”更改为“离开”，如图 3-16 所示。

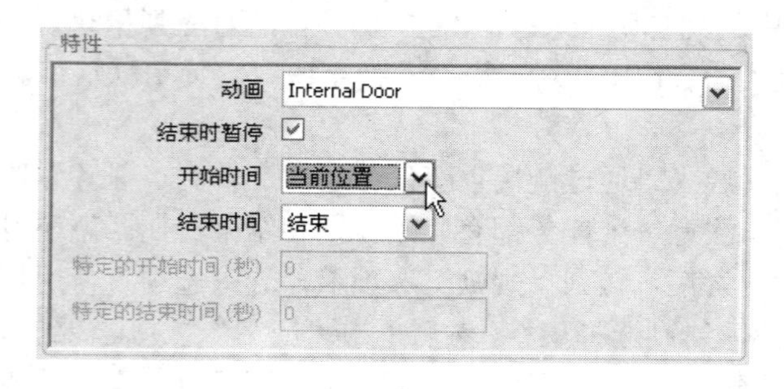

图 3-15

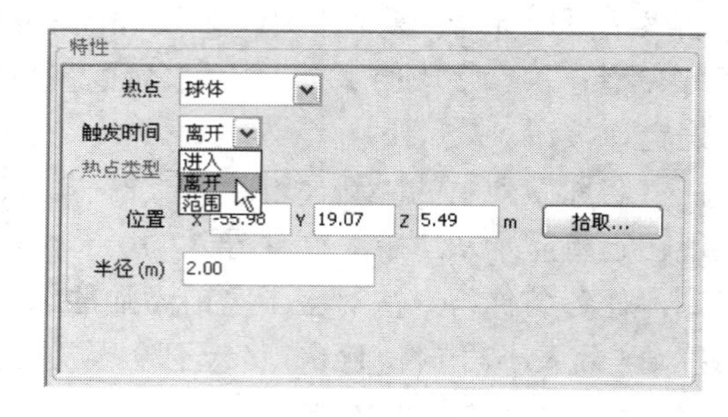

图 3-16

在“动作”部分中，单击“播放动画”按钮。在“特性”部分中，单击“动画”下拉列表，展开 Scene 1，然后选择 Internal Door 动画，将“开始时间”从“开始”更改为“当前位置”，将“结束时间”从“结束”更改为“开始”。

【注意】启用脚本时，将禁用 Animator 和 Scripter 控制栏，以便在这些脚本运行时无法对其进行修改。使用完脚本后，或者如果需要编辑/添加动画或脚本，请记住再次单击“切换脚本”按钮将其关闭。

第 4 章　案例的项目准备

Revit Architecture 是以三维模型为基础的，图纸只是设计的衍生品。在利用 Revit Architecture 进行建筑设计时，前期建立模型所花费的时间比例会相对较大，但是在后期出图与设计变更等方面有很大优势。我们需要着眼于整个设计周期，并用三维的思维方式去看待和设计建筑。

在开始协同项目之前，应先对项目的标高和定位轴网信息做出整体规划，并在项目中绘制出来。在建立模型时，Revit Architecture 通过标高来确定建筑构件的高度和空间高度位置，通过轴网在平面视图定位图元。

4.1　新建项目

4.1.1　通过样板文件新建项目

单击左上角（应用程序按钮）>“新建”>“项目”，弹出“新建项目”对话框，如图 4-1 所示。单击“浏览”按钮，选择随书光盘中的“光盘文件/样板文件/建筑样板 2013.rte”样板文件，确认“新建”类型为“项目”，单击“确定”按钮。Revit 将以“建筑样板 2013.rte”为样板创建新的项目。

单击左上角“应用程序菜单”按钮>“保存”，在弹出的“另存为”对话框中单击“选项”按钮，修改“文件保存选项”对话框中“最大备份数”为 10，如图 4-2 所示。单击“确定”按钮，修改“文件名”为“会所项目”，选择合适的路径，单击“保存”按钮。

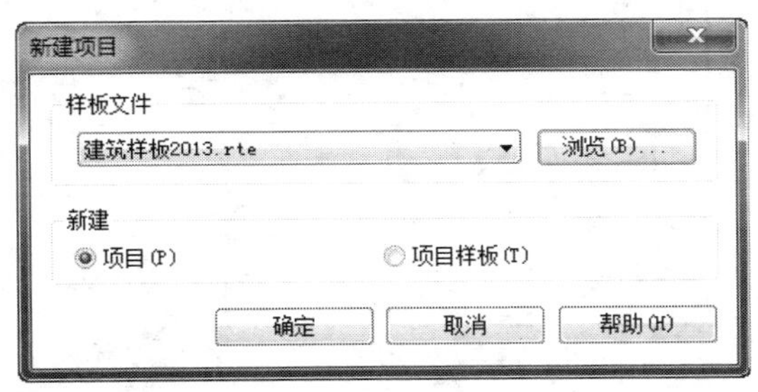

图 4-1

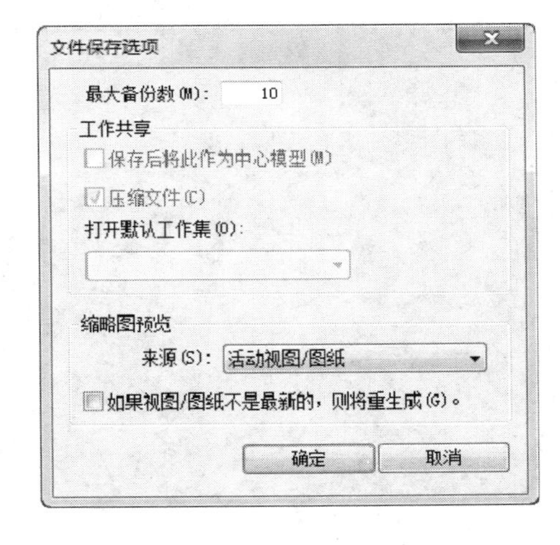

图 4-2

4.1.2　链接 CAD 底图

在楼层平面“标高 1”视图中，单击“插入”选项卡>“链接”面板>“链接 CAD”按钮，弹出“链接 CAD 格式”对话框，如图 4-3 所示。

分别选择“颜色”为“反选”，“图层/标高”为“可见”，“导入单位”为“毫米”，“定位”为“自动-中心到中心”，“放置于”为“标高 1”，选择“定向到视图”和“纠正稍微偏离轴的线”复选框，选择随书光盘中的“光盘文件/CAD 文件/底层平面图.dwg”文件，单击“打开”按钮，如图 4-4 所示。

【注意】链接 CAD 文件之前可以先对 CAD 进行简化处理，删除不要的图形和注释。

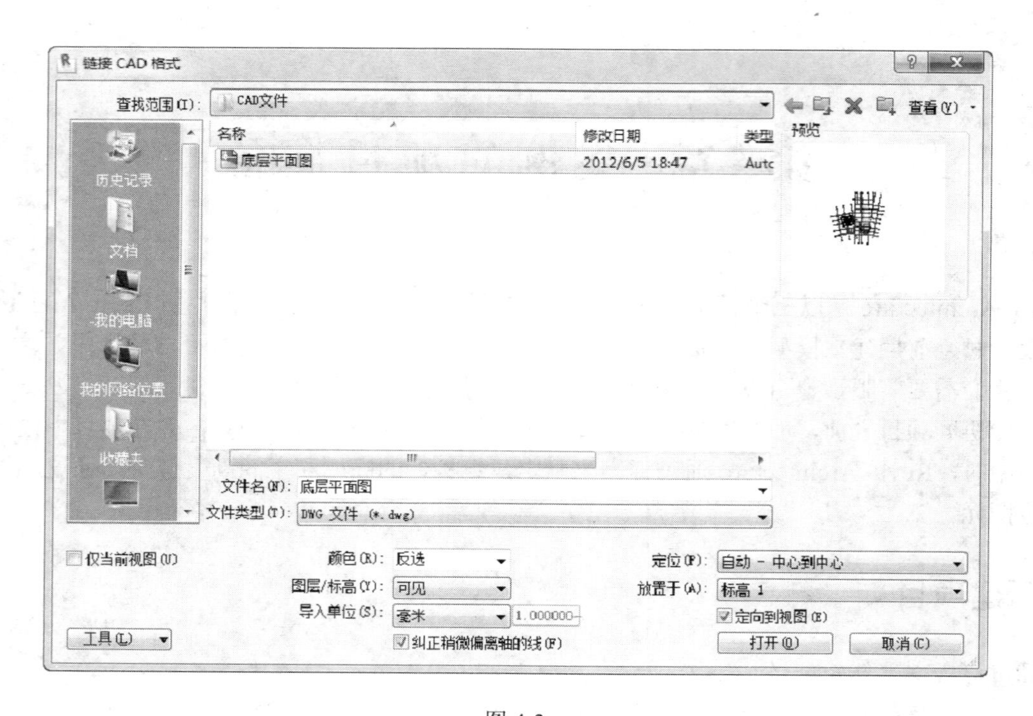

图 4-3

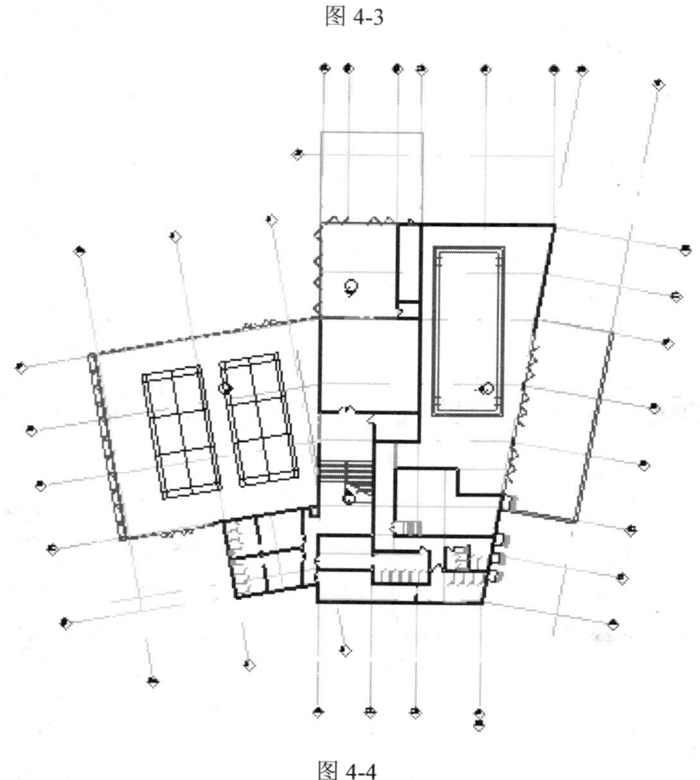

图 4-4

4.2 创建标高

双击“项目浏览器”>“立面（建筑立面）”视图>南视图，进入南立面视图，如图 4-5 所示。项目样板提供了两条标高，两次单击“标高 2”上标高值 4.000，修改其值为 2.4，按 Enter 键确认，或在空白处单击。

单击“建筑”选项卡>“基准”面板>“标高”按钮，进入“修改/放置标高”选项卡。在“属性”

选项板中，标高类型为“标高 下标头”，如图 4-6 所示。

在“修改/放置标高”选项卡中选择“绘制”方式为（拾取线），在选项栏中修改 “偏移量”值为 3000，确认勾选“创建平面视图”。将光标放在“标高 2”上，当上方出现一条虚线时单击确认创建“标高 3”，如图 4-7 所示。

【注意】在标高标头中，标高值定义的单位为米，项目单位为毫米，所以在修改标高值时，输入值为 2.4，在确定“偏移量”时，输入值为 3000。

同样，以偏移量 3000 再向上绘制两条标高，向下绘制一条标高。修改标高名称向上依次为 0F、1F、1F-1、2F、2F-1、2F-2，如图 4-8 所示。分别修改 0F、2F-1、2F-2 的标高值为-1.200、9.000、16.512。

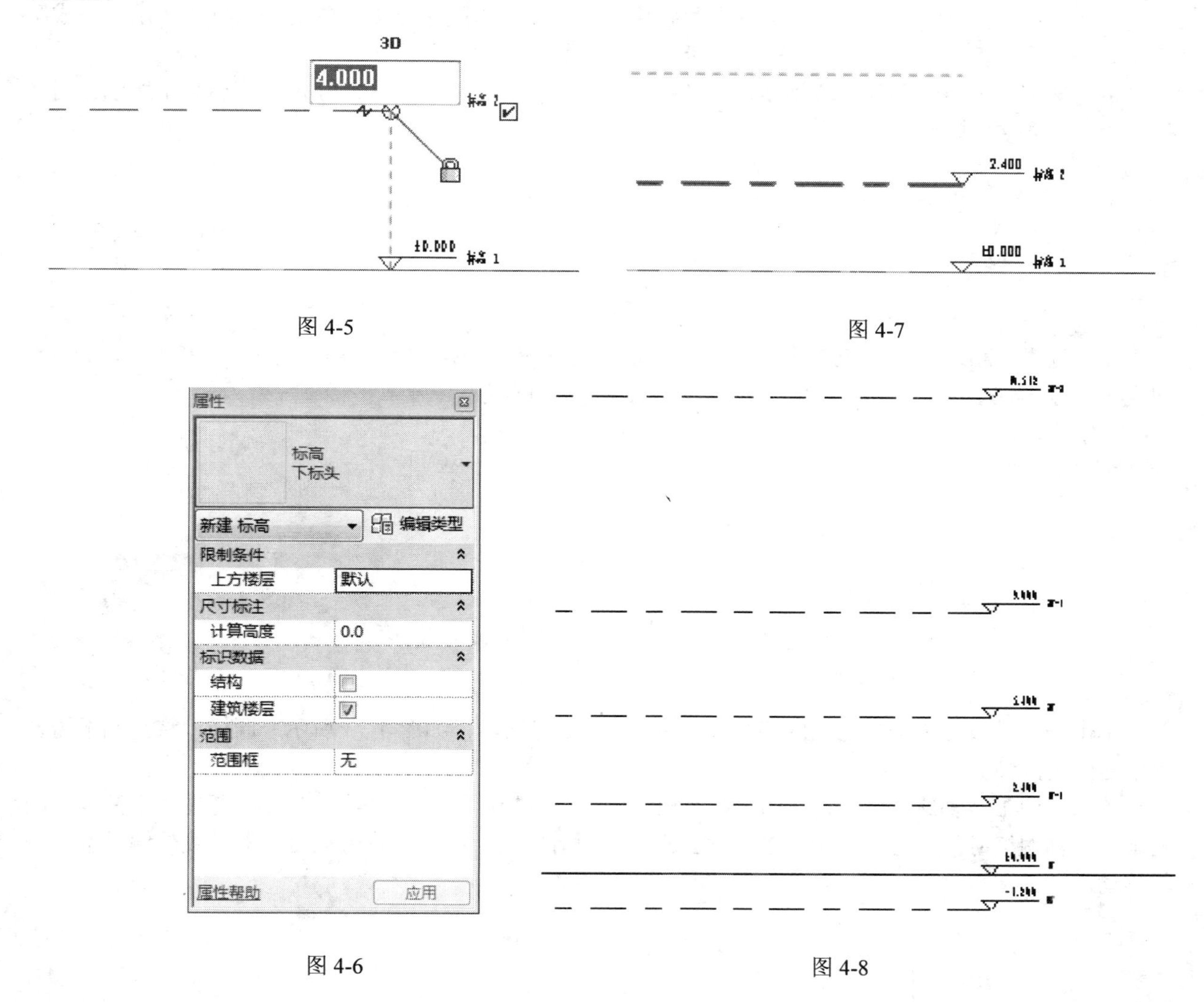

图 4-5

图 4-7

图 4-6

图 4-8

4.3 创建轴网

4.3.1 绘制轴线

进入楼层平面 1F 平面视图，单击“建筑”选项卡>“基准”面板>“轴网”按钮，在“修改/放置轴网”选项卡中选择“绘制”方式为（拾取线），确认偏移量为 0，在类型选择器中修改标高类型为“轴网 6.5mm 编号”，如图 4-9 所示。单击拾取 CAD 轴线 1，完成第一条轴线的绘制。

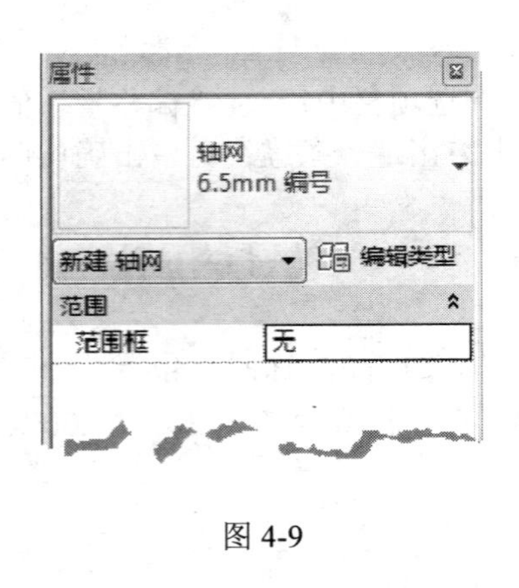

图 4-9

继续拾取 CAD 文件 2～7 号轴线来绘制轴网，Revit 会按数值累加的方式自动为轴网编号命名。以同样方式完成 1/1、1/2、1a、2a、3a、1/A、J 轴线的绘制。

4.3.2 绘制多段轴线

单击“建筑”选项卡>“基准”面板>“轴网”按钮，进入“修改/放置轴网”选项卡，选择“绘制”面板>（多段），在“修改/编辑草图”选项卡中选择（拾取线），拾取多段轴线 A，如图 4-10 所示（图示线段为隔离显示）。选中（修剪/延伸为角）工具，分别单击两条草图线段，让线段相连接。单击“完成”按钮，完成第一条多段轴网的绘制。

单击选中上一步绘制的多段轴线，在轴网编号上再次单击，修改编号为 A，如图 4-11 所示。同样依次拾取绘制多段轴线 B～H。

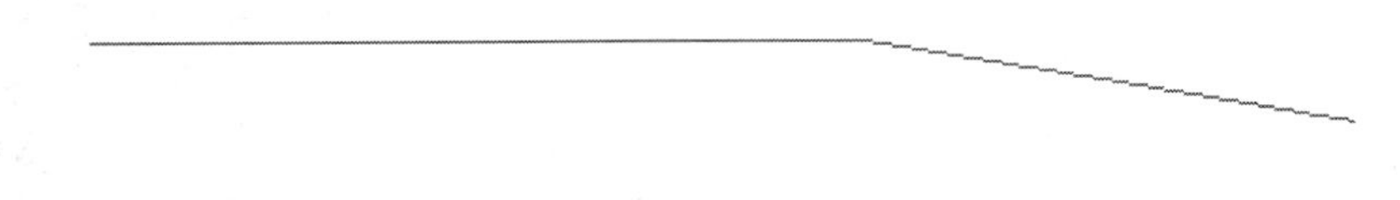

图 4-10

单击选中 CAD 文件，通过软件下方视图控制栏将其临时隐藏（快捷键 H），如图 4-12 所示。将 8～14 号轴网编号分别修改为 1/1、1/2、1a、2a、3a、1/A、J 轴线。

图 4-11　　　　图 4-12

单击 1/A 轴线，单击右侧轴网编号复选框☑，将编号隐藏，如图 4-13 所示。同样，将其他不需要的编号分别隐藏。

单击选中 1 号轴线，靠近编号的线端将出现圆形拖曳控制柄，如图 4-14 所示。通过上下拖曳控制柄来调整轴网编号的位置。图中 4 条轴线上端点已对齐锁定，控制柄将带动这 4 条轴线的编号位置一起移动。

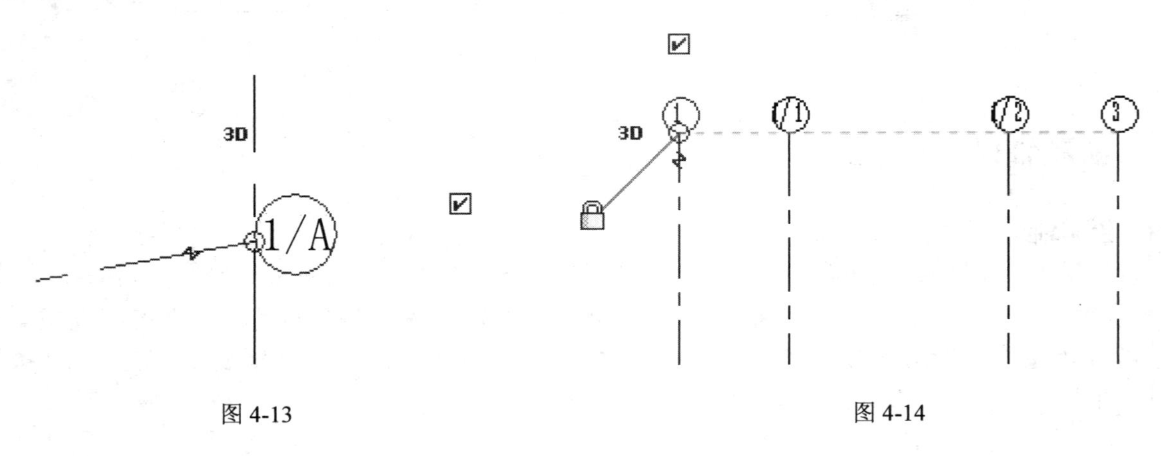

图 4-13　　　　图 4-14

【注意】 单击锁形符号可取消对齐约束，从而对单根轴线轴网编号的位置进行调整。

调整 4、5 号轴线轴网编号位置，拖曳其上端点与左侧轴线端点对齐，软件将自动将其锁定，如图 4-15 所示。

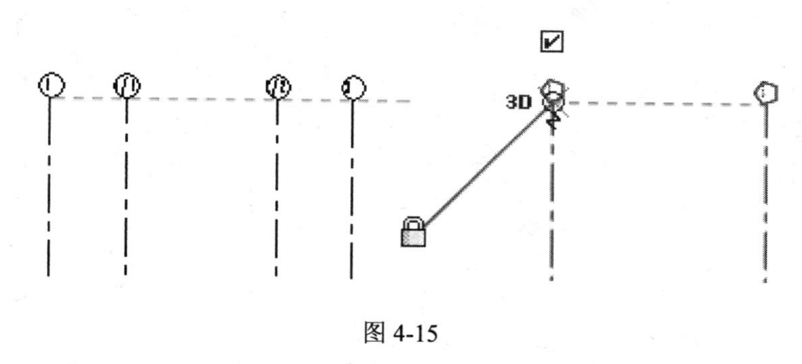

图 4-15

同样，调整其他轴线轴网编号到合适的位置。框选 4 个立面符号，分别将其拖曳到轴网四周，如图 4-16 所示。

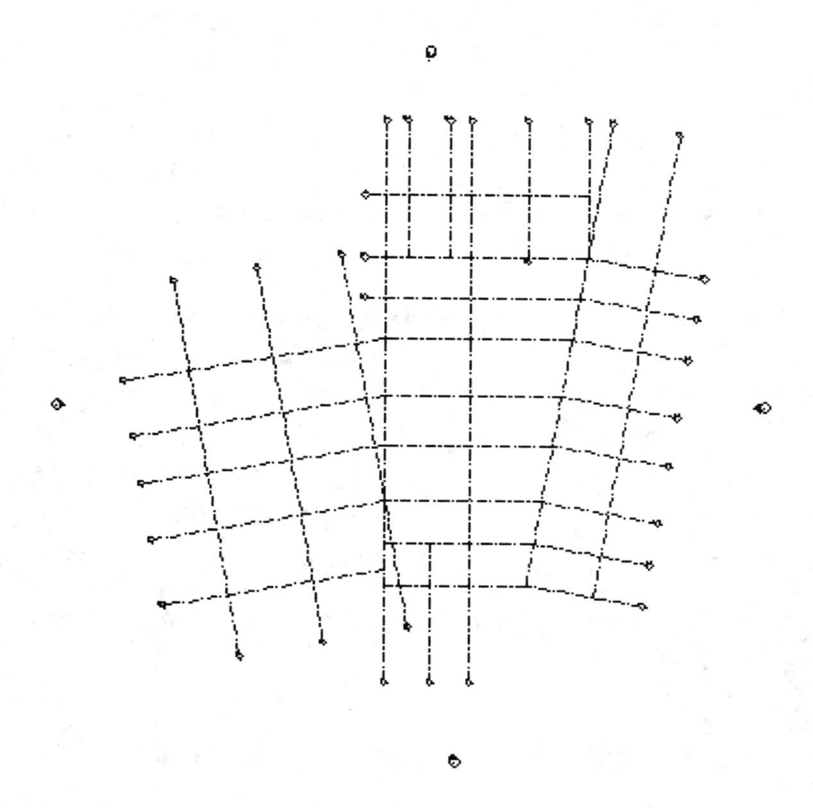

图 4-16

框选所有轴线，单击“修改/选择多个”选项卡>“修改”面板> （锁定）按钮，将轴网锁定。选择 （影响范围），在弹出的“影响基准范围”对话框中选择所有视图，单击“确定”按钮。

4.4 创建中心模型

4.4.1 启用工作共享

单击 （应用程序按钮）>“选项”，弹出“选项”对话框，如图 4-17 所示。在“常规”选项卡中，将“用户名”修改为“工程师 A”，默认视图规程选择“建筑”，单击“确定”按钮。

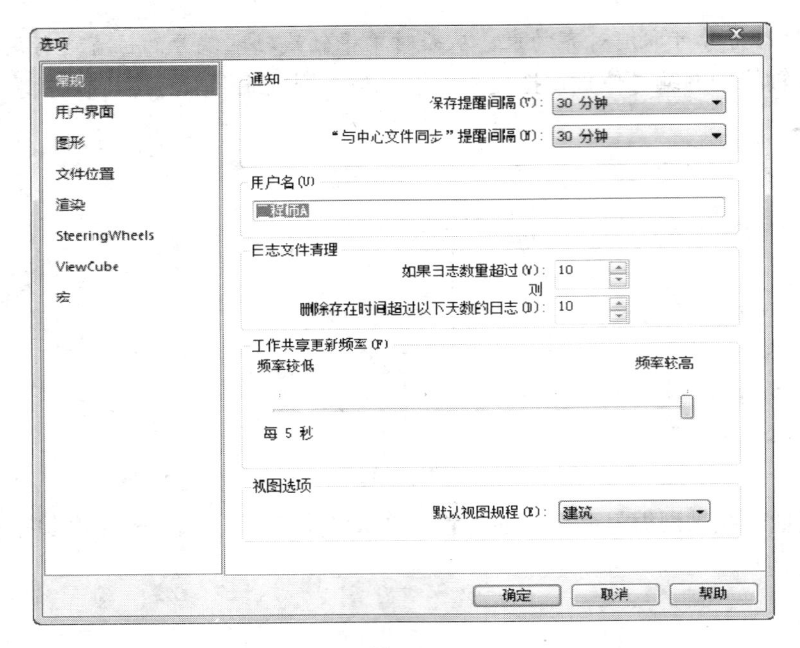

图 4-17

单击“协作”选项卡>“工作集”面板>“工作集”按钮，在弹出的“工作共享”对话框中，有两个默认工作集，“共享标高和轴网”和“工作集1”，如图 4-18 所示。单击“确定”按钮，弹出“工作集”对话框，再次单击“确定”按钮。

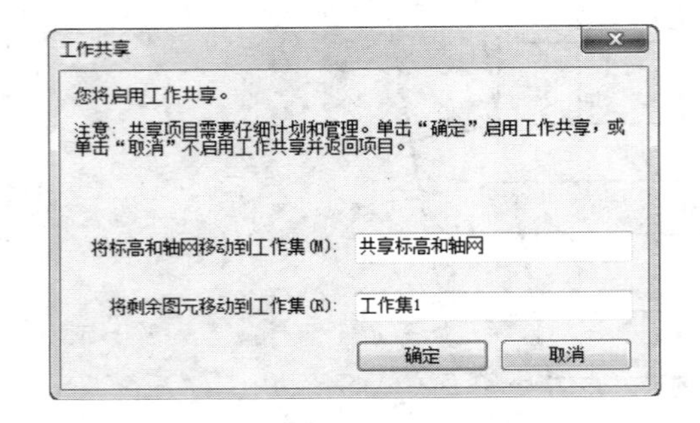

图 4-18

4.4.2 创建中心文件

单击 (应用程序按钮) >“选项”，弹出“另存为”对话框，如图 4-19 所示。在地址栏下拉列表中找到网络，访问局域网服务器。

【注意】可以通过共享文件夹将本机作为局域网服务器，共享权限设为完全控制。

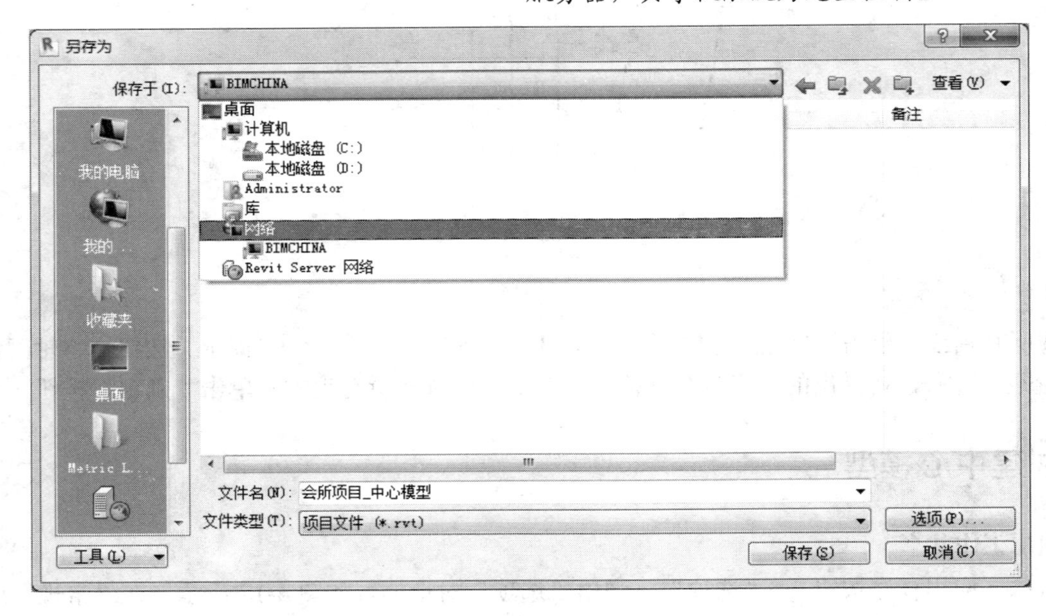

图 4-19

单击“选项”按钮，在弹出的“文件保存选项”对话框中，勾选“保存后将此作为中心模型”复选框，如图 4-20 所示。单击“确定”按钮，修改文件名为“会所项目_中心模型”，单击“保存”按钮。

【注意】启用工作共享后首次保存，该选项默认已勾选，且灰显无法修改。这里直接单击“确定”按钮即可。

4.4.3 创建工作集

单击“协作”选项卡>“工作集”面板>（工作集）按钮，弹出“工作集”对话框，单击“新建”按钮，输入新工作集名称为“建筑内部”，单击“确定”按钮，如图 4-21 所示。

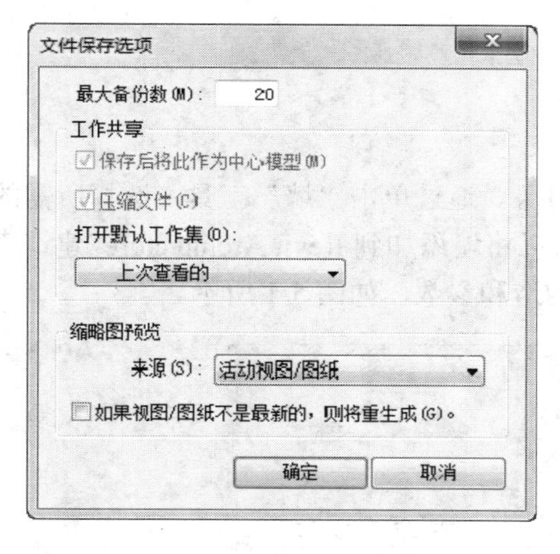

图 4-20

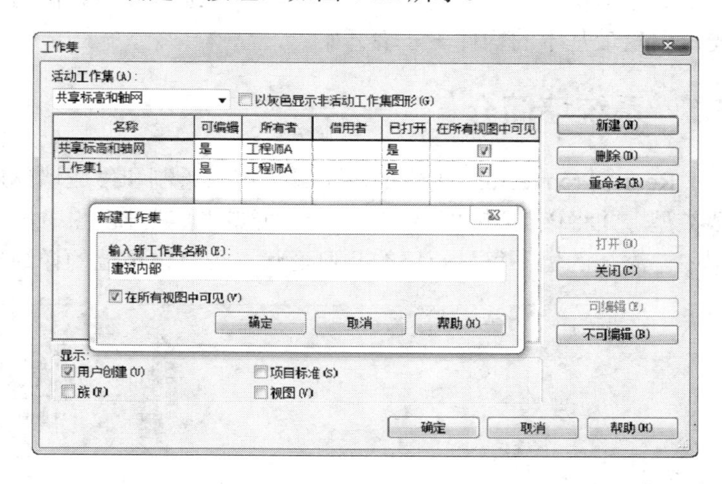

图 4-21

再次点击新建按钮，输入工作集名称为“建筑外部”，完成后单击“确定”按钮，弹出的“指定活动工作集”中，选择“否”，不用将该工作集定为当前使用工作集。

单击“协作”选项卡>“同步”面板>（同步并修改设置），弹出“与中心文件同步”对话框，如图 4-22 所示。单击“确定”按钮与中心模型同步。

单击“协作”选项卡>“工作集”面板>（工作集）按钮，再次打开“工作集”对话框，将工作集“建筑内部”和“建筑外部”的可编辑改为“否”，如图 4-23 所示。单击“确定”按钮。

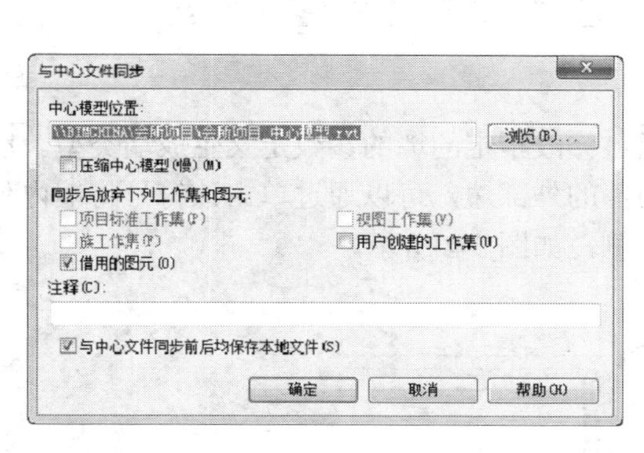

图 4-22

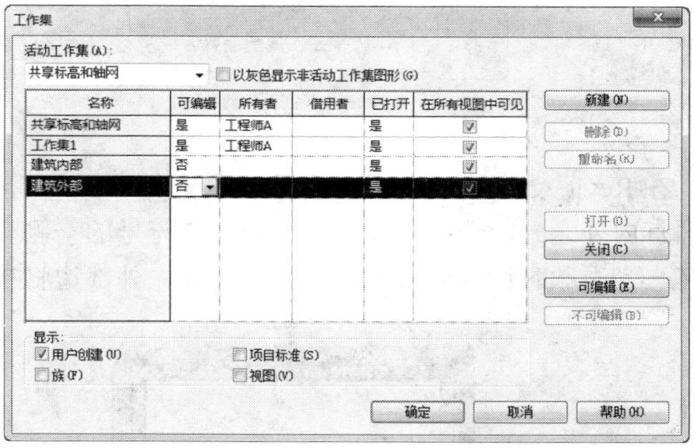

图 4-23

单击上方“快速访问工具栏”（同步并修改设置）按钮，弹出“与中心文件同步”对话框，单击“确定”按钮与中心模型同步。将文件关闭，协同案例的准备工作已完成。

第5章 创 建 墙 体

在 Revit Architecture 中，根据不同的用途和特性，模型对象被划分成了很多类别，如墙、门、窗、柱等。这些构件都是预定义族类型的实例，通过修改它们的类型属性可以自定义它们的特性。下面首先从建筑最基本的构件——墙开始。

5.1 系统墙简介

Revit Architecture 提供的墙工具，用来绘制和生成墙体对象。通过单击“墙”工具，选择所需的墙类型，并将该类型的实例放置在平面视图或三维视图中，可以将墙添加到 Revit Architecture 建筑模型中。添加的墙不仅显示墙的几何形状，还将记录墙的详细构造和参数，如图 5-1 所示。

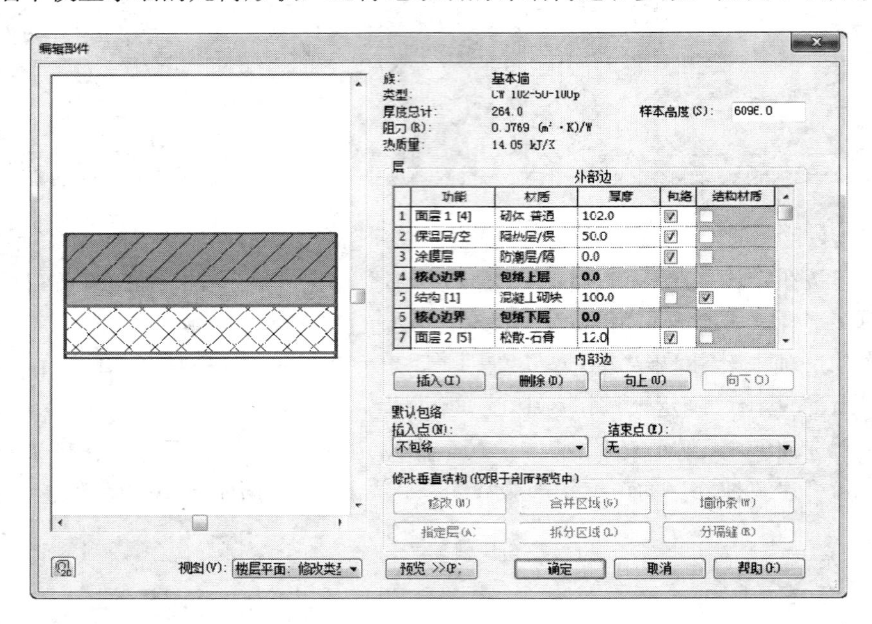

图 5-1

在 Revit Architecture 中，墙属于系统族，可以直接通过修改指定的墙的参数定义生成墙类型。墙表面有内外之分，选中一段墙，出现翻转符号的一侧即为墙的外部边，可以通过单击该符号将墙内外翻转。当沿顺时针方向绘制墙构件的时候，外部边将在外侧，如图 5-2 所示。

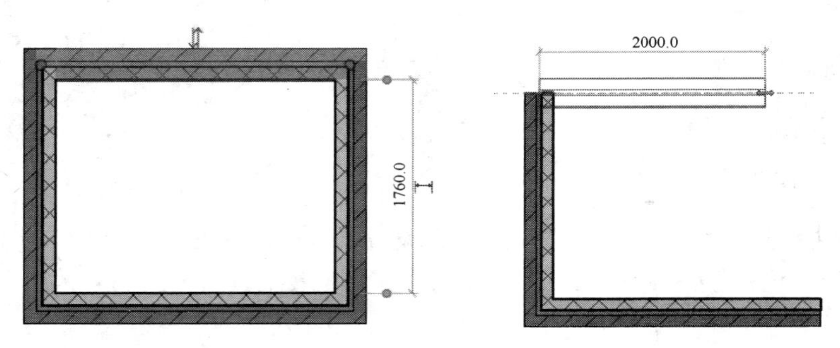

图 5-2

5.2 添加外墙

在开始项目的协同建模工作之前，会事先根据项目及参与人的具体情况，进行人员的分配和任务的分工。该实例操作项目由工程师 A 与工程师 B 合作完成，工程师 A 负责与建筑外部造型相关的部分，工程师 B 负责建筑的内部构造部分。本节的建模工作由工程师 B 完成。

5.2.1 创建本地副本

单击（应用程序按钮）>“选项”，弹出“选项”对话框，如图 5-3 所示。在“常规”选项卡中，将“用户名”修改为“工程师 B”，默认视图规程选择“建筑”，单击“确定”按钮。

图 5-3

单击左上角（应用程序按钮）>“打开”>“项目”，弹出“打开”对话框，在地址栏下拉列表中找到网络，访问局域网服务器，找到第 4 章中创建的中心模型，如图 5-4 所示。取消勾“选新建本地文件”复选框，单击“打开”按钮。

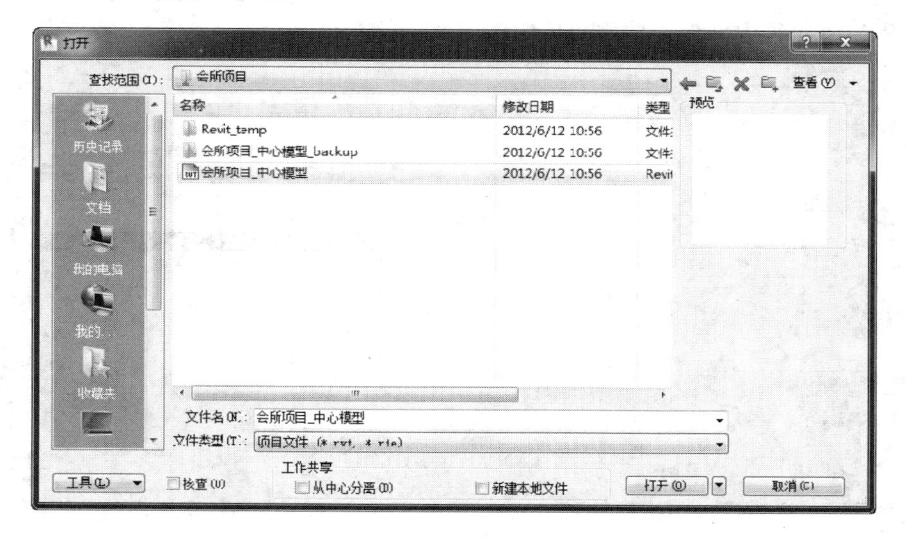

图 5-4

【注意】打开中心模型，“新建本地文件”会默认勾选。勾选该选项后，打开时会按照“用户文件默认路径”保存中心文件副本。在用中心模型创建本地副本之前，需要修改“用户名”，不同的用户名对应着不同的项目参与人。

单击“应用程序按钮”>“选项”，弹出“另存为”对话框，如图 5-5 所示。

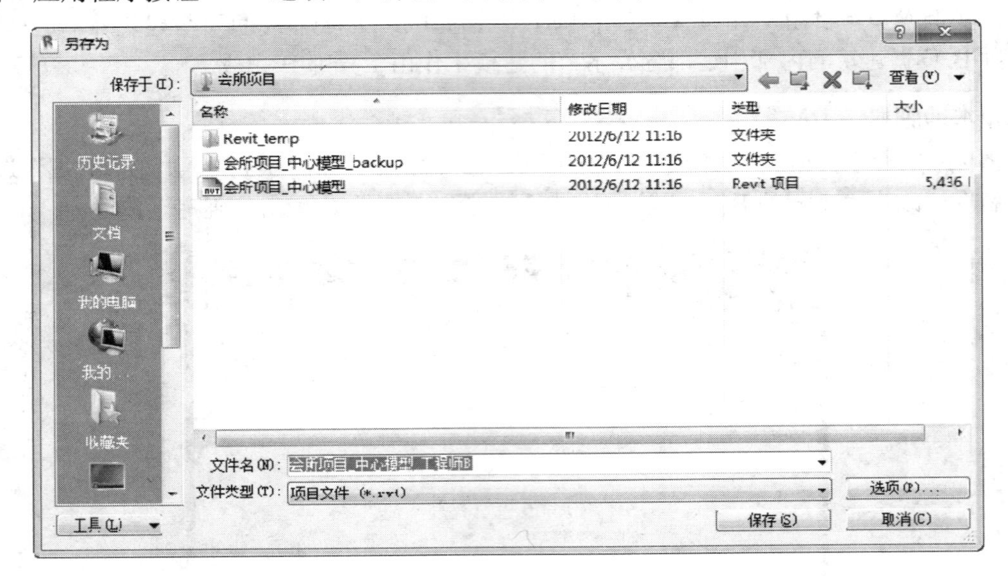

图 5-5

单击“选项”按钮，弹出“文件保存选项”对话框，如图 5-6 所示。单击“确定”按钮，修改文件名为“会所项目_中心模型_工程师 B”，选择合适的路径，再次单击“确定”按钮保存副本。

【注意】软件默认为不勾选“保存后将此作为中心模型”复选框，此时保存的将是副本而不是中心模型，勾选该复选框可另存为中心模型。保存时修改文件名以区分副本和中心模型。

5.2.2 选择工作集

单击“协作”选项卡>“工作集”面板>（工作集）按钮，弹出“工作集”对话框，如图 5-7 所示。选择工作集“建筑内部”，单击右下角“可编辑”按钮，使该工作集的所有者是“工程师 B”。修改活动工作集为“建筑内部”，单击“确定”按钮。

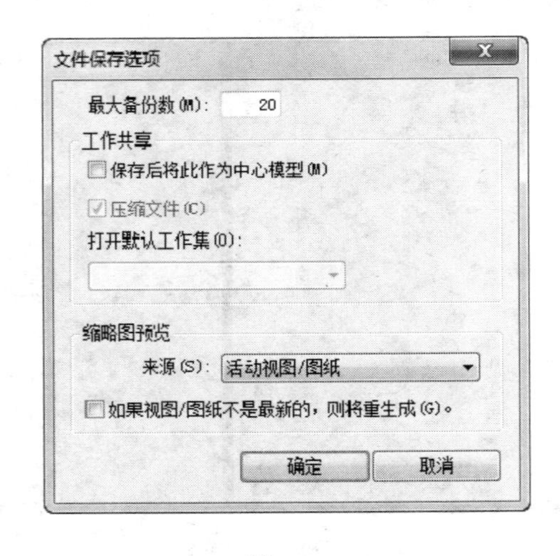

图 5-6

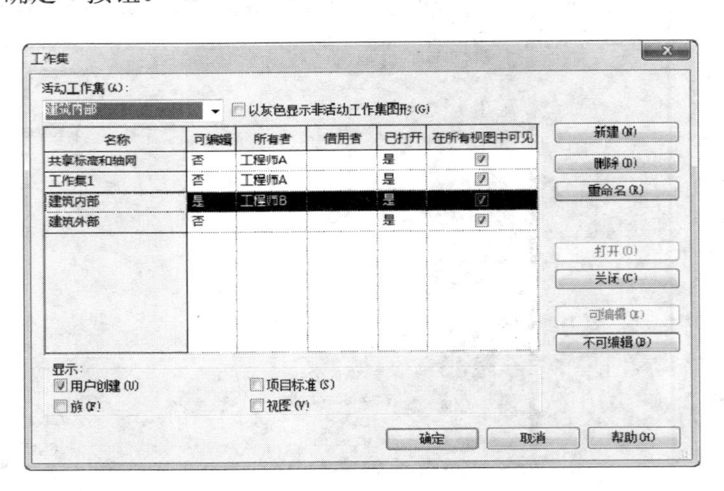

图 5-7

单击“协作”选项卡>“同步”面板> （同步并修改设置），弹出“与中心文件同步”对话框，如图 5-8 所示。单击“确定”按钮与中心模型同步。

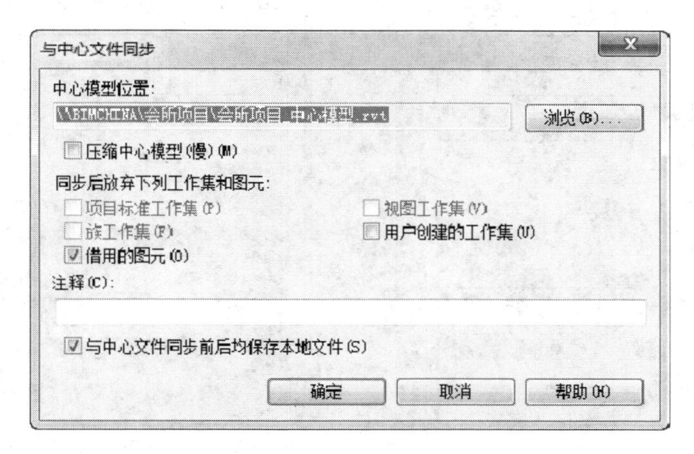

图 5-8

5.2.3 绘制外墙

双击“项目浏览器”>“视图（全部）”>“楼层平面”>1F，进入 1F 楼层平面视图，选择链接的 CAD 底层平面图，在“修改/底层平面图.dwg”选项卡中单击“复制到剪贴板”按钮，如图 5-9（a）所示。再单击“粘贴”下拉菜单，选择“与选定的标高对齐”，如图 5-9（b）所示。

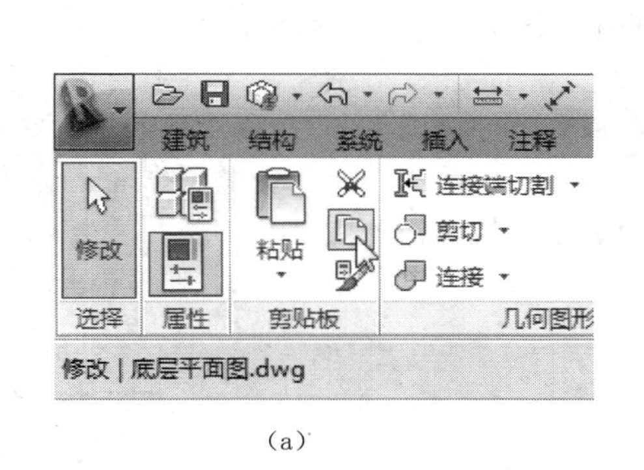

（a）

（b）

图 5-9

在弹出的“选择标高”对话框中选择 0F 标高，如图 5-10 所示。单击“确定”按钮，将 CAD 复制到 0F 标高上。

进入 0F 楼层平面视图，单击“建筑”选项卡>“构件”面板> （墙：建筑）按钮，在“属性”选项板中，选择墙类型为“基本墙 常规 － 200mm”，单击“编辑类型”，在弹出的“类型属性”对话框中单击“复制”按钮，修改名称为“挡土墙 － 200mm”，单击“确定”按钮，如图 5-11 所示。

选择粗略比例填充样式为“实体填充”，修改粗略比例填充颜色为中灰色，单击“确定”按钮完成新的墙类型的创建，如图 5-12 所示。

在选项栏中，修改墙 “高度”为 1F-1，定位线为“墙中心线”，确定“链”复选框已勾选，偏移量为 0，如图 5-13 所示。

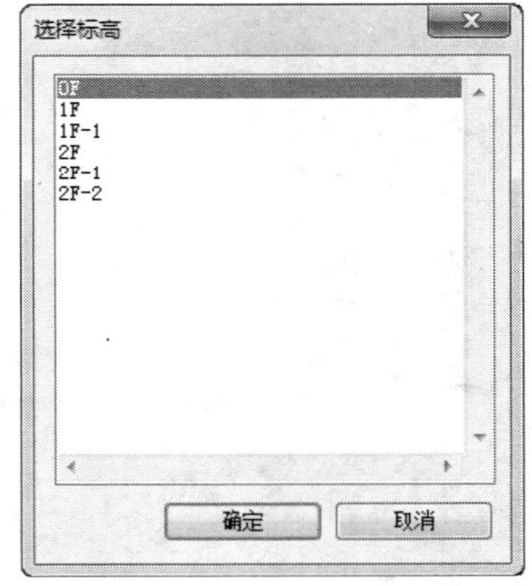

图 5-10

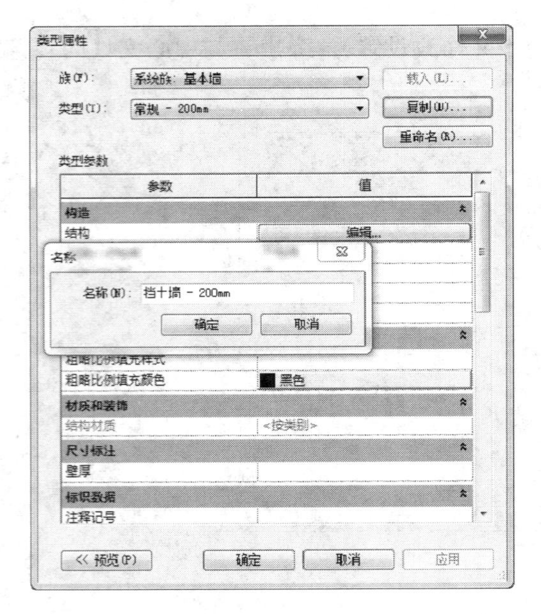

图 5-11

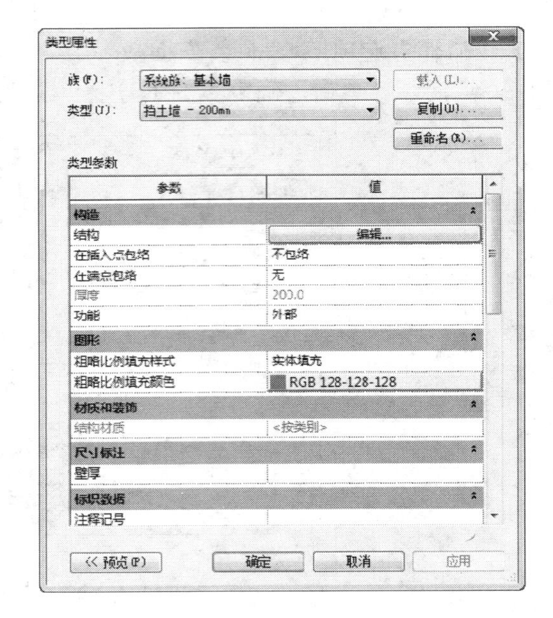

图 5-12

图 5-13

选择绘制方式为（直线），捕捉 CAD 中墙的中心线顺时针绘制墙体，如图 5-14 所示。按 Esc 键一次结束。

【注意】定位线为“墙中心线”，拾取 CAD 绘制墙体时可以捕捉到 CAD 中墙的中心线。

再在“属性”选项板中，选择墙类型为“基本墙 外墙 - 200mm”，修改顶部约束为“直到标高：2F”，继续捕捉 CAD 中墙的中心线顺时针绘制其他段墙体，如图 5-15 所示。按 Esc 键两次结束绘制。

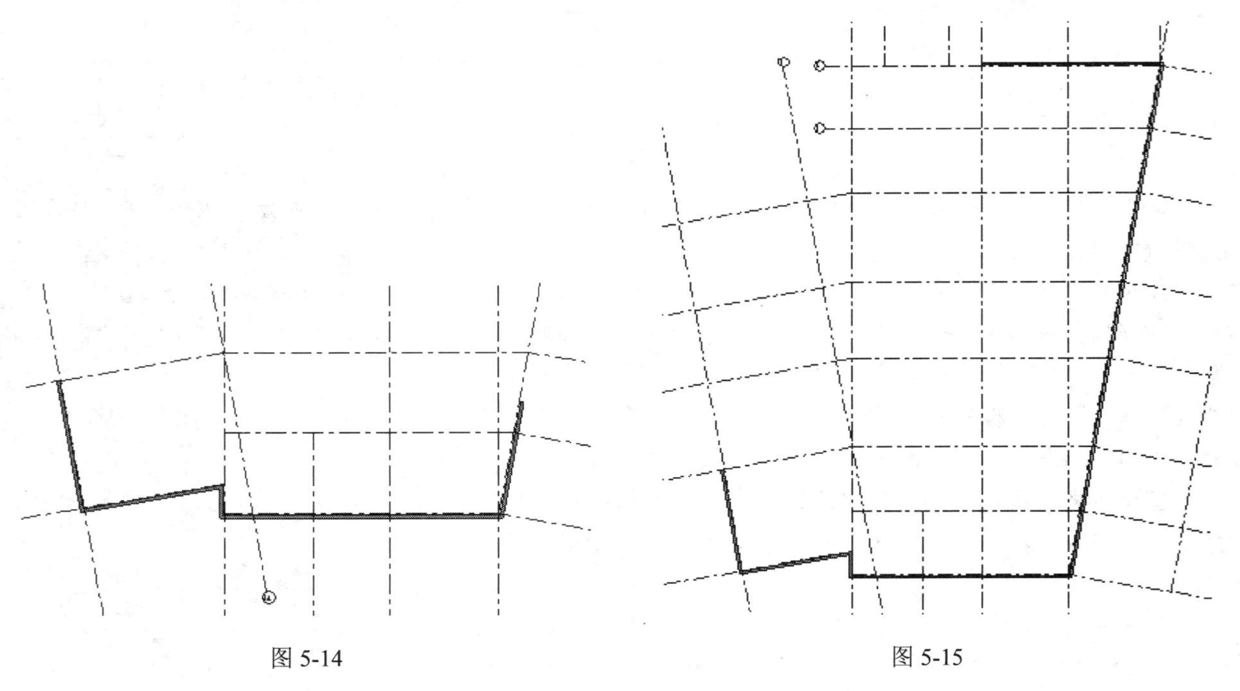

图 5-14

图 5-15

在 1F 楼层平面视图，单击（墙：建筑）按钮，在“属性”选项板中，选择墙类型为“基本墙 外墙 - 200mm”，修改顶部约束为“直到标高：2F”，确定定位线为“墙中心线”，输入偏移值为 150，沿 1 轴线和 H 轴线顺时针绘制墙体，如图 5-16 所示。

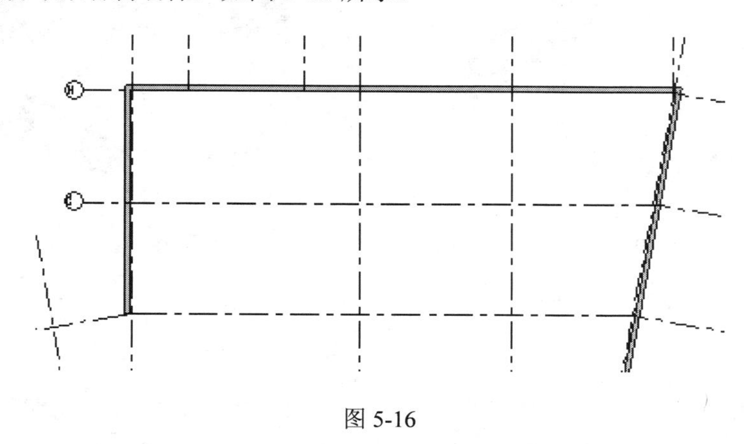

图 5-16

【注意】沿 H 轴方向绘制的墙与上一步操作中绘制的墙端点自动连接，在视图中显示为一整段墙。

修改顶部约束为“直到标高：1F”，顶部偏移为 3300，沿 1a 号轴线从下往上绘制墙体，如图 5-17 所示。

单击“快速访问工具栏”>（默认三维视图）按钮，进入三维视图，通过 Ctrl 键选择如图 5-18 所示的 4 段墙体。

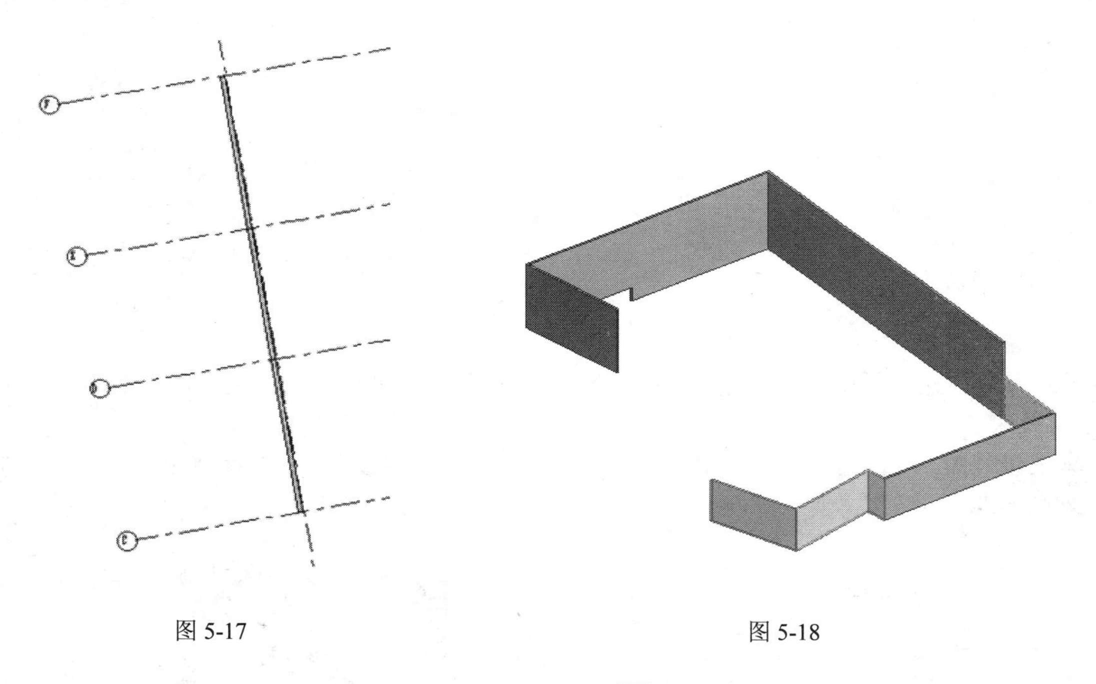

图 5-17　　　　图 5-18

在“修改/墙”选项卡中单击“复制到剪贴板”按钮，再单击“粘贴”下拉菜单，选择“与选定的标高对齐”，在弹出的“选择标高”对话框中选择 1F-1 标高，单击“确定”按钮，将墙复制粘贴到 1F-1 标高上，如图 5-19 所示。

选择粘贴的墙体，在“属性”选项板中，修改墙类型为“基本墙 外墙 - 200mm”，外墙 - 200mm”，顶部约束为“直到标高：2F”，顶部偏移为 900，再选择右侧的墙体，修改顶部偏移为 0，完成外墙的创建，如图 5-20 所示。

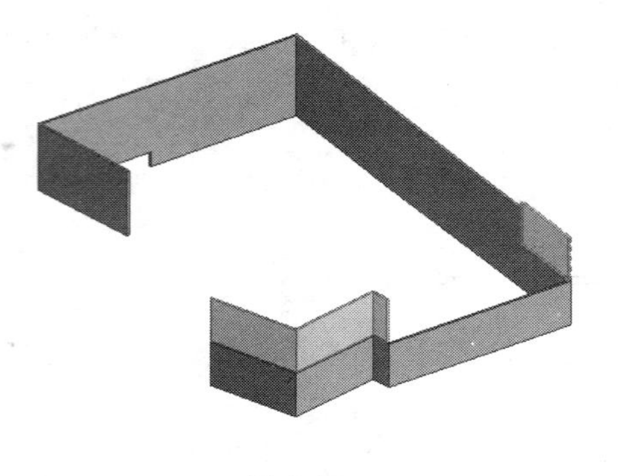

图 5-19

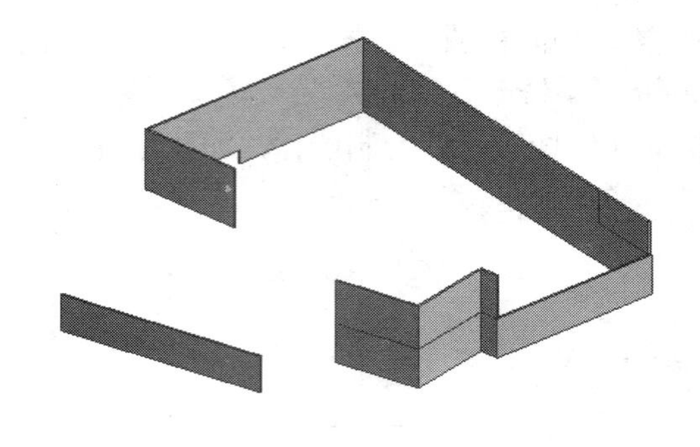

图 5-20

5.3 添加内墙

进入 0F 楼层平面视图，单击“建筑”选项卡>“构件”面板>（墙：建筑）按钮，在“属性”选项板中，选择墙类型为“基本墙 内墙 – 200mm”，修改顶部约束为“直到标高：2F”，捕捉 CAD 中墙的中心线绘制墙体，如图 5-21 所示。

修改顶部约束为“直到标高：1F-1”，继续捕捉 CAD 中墙的中心线绘制墙体，如图 5-22 所示。

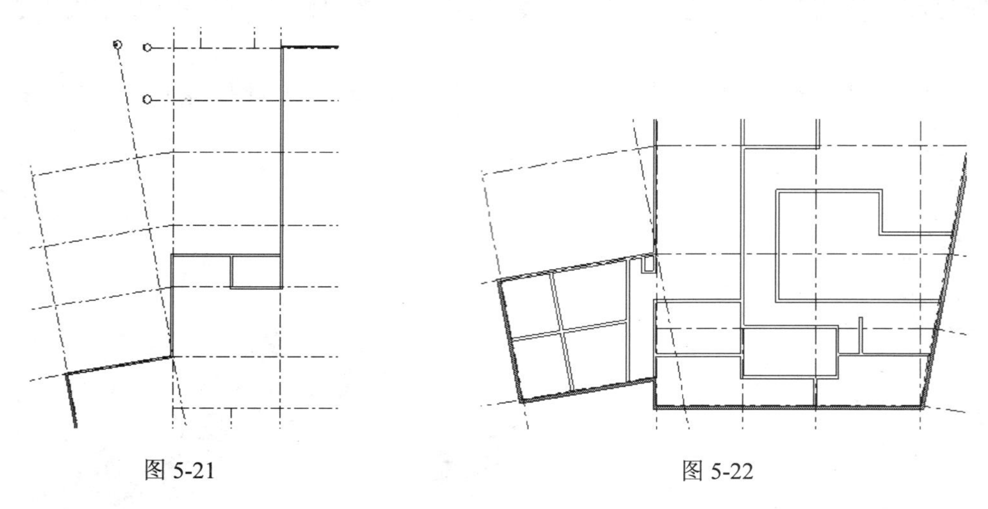

图 5-21　　图 5-22

再在“属性”选项板中，选择墙类型为“基本墙 内墙 – 100mm”，按同样的方法绘制如图 5-23 所示的墙。

进入三维视图，选择水处理间内墙，在“属性”选项板中，修改底部偏移为-1200，单击“应用”按钮，如图 5-24 所示。

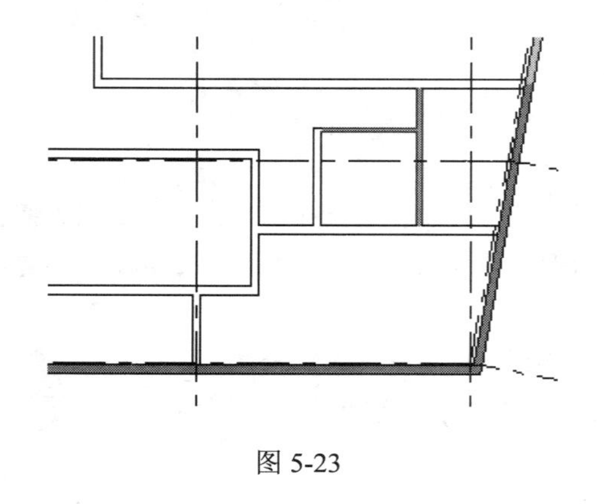

图 5-23

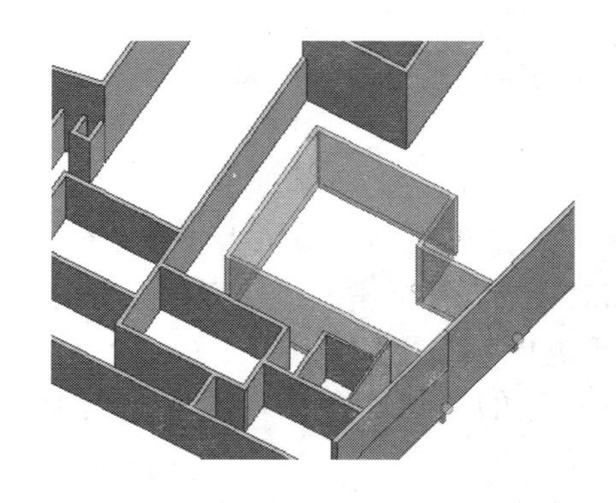

图 5-24

选择水处理间外墙，将其复制对齐粘贴到 2F 标高，在“属性”选项板中，修改底部限制条件为 0F，底部偏移为-1200，修改顶部约束为“直到标高：0F”，顶部偏移为 0，单击“应用”按钮。使用（修剪/延伸为角）工具修剪改墙体，如图 5-25 所示。

同样，按照前面所述的方法在 1F 楼层平面视图绘制如图 5-26 所示的墙体，墙类型为“基本墙 内墙 - 200mm”，顶部约束为“直到标高：2F”。

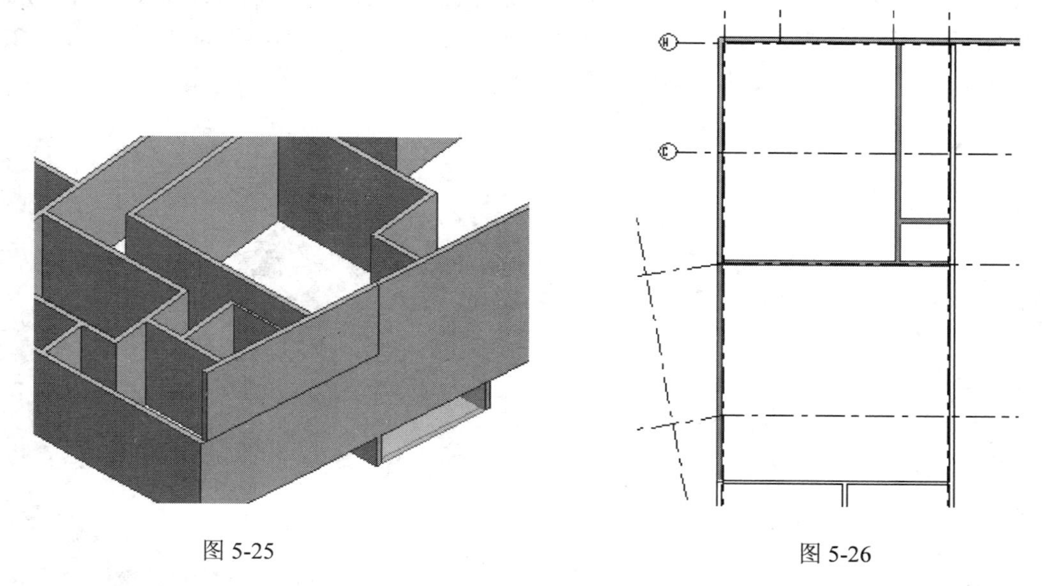

图 5-25　　　　图 5-26

在 1F-1 楼层平面视图绘制墙体，墙类型为“基本墙 内墙 - 200mm”，顶部约束为“直到标高：2F”，如图 5-27 所示。

【注意】绘制前将随书光盘中的“光盘文件/CAD 文件/二层平面图.dwg”文件链接到视图中并使用移动工具将其与项目轴网对齐锁定。

在 2F 楼层平面视图绘制墙体，墙类型为“基本墙 内墙 - 200mm”和“基本墙 内墙 - 100mm”，顶部约束为“直到标高：2F-1”，如图 5-28 所示。

【注意】绘制前修改该楼层平面视图属性，选择基线为“1F-1”。

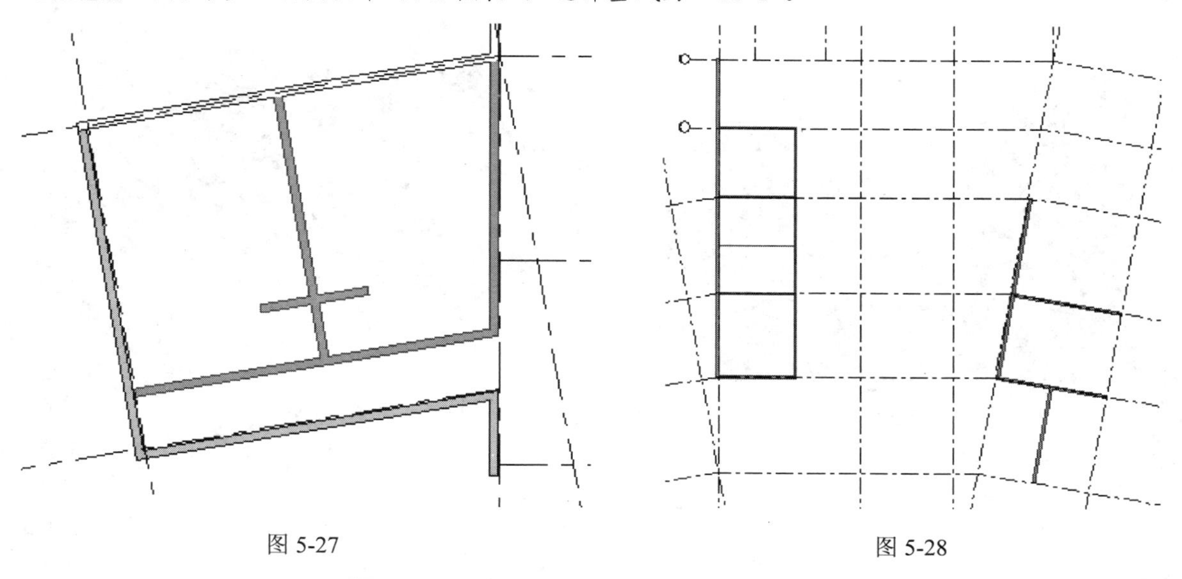

图 5-27　　　　图 5-28

在 2F 楼层平面视图，单击（墙：建筑）按钮，在“属性”选项板中，选择墙类型为“基本墙 外墙 - 200mm”，在选项栏中，修改墙“深度”为“未连接 2200”，定位线为“墙中心线”，确定“链”

复选框已勾选，偏移量为 0，如图 5-29 所示。

修改 | 放置 墙　深度：　未连接　2200.0　定位线：墙中心线　☑链　偏移量：0.0

图 5-29

选择绘制方式为（直线），捕捉 CAD 中幕墙的中心线顺时针绘制墙体，如图 5-30 所示。

在三维视图，选择需要修改的墙，在“属性”选项板中，修改顶部约束为“直到标高：2F”，顶部偏移为 900，单击“应用”按钮，如图 5-31 所示。

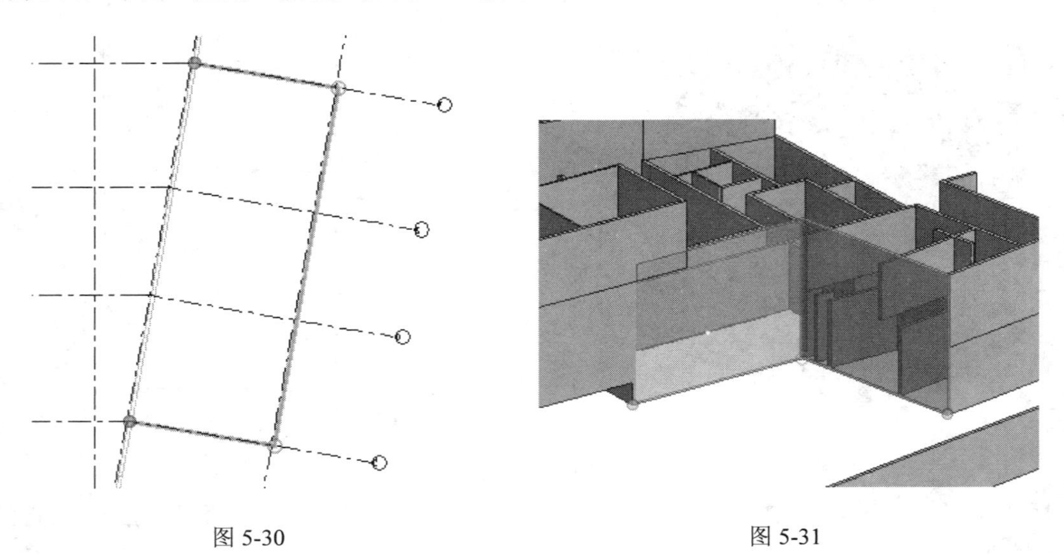

图 5-30　　图 5-31

【注意】单击“应用”按钮后会弹出墙重叠的警告对话框，单击“确定”按钮忽略，使用剪切工具将墙重叠的部分剪切。

在 2F 楼层平面视图绘制墙体，墙类型为“基本墙 内墙 － 200mm”顶部约束为“未连接”，无连接高度为 900，如图 5-32 所示。

在三维视图中观察，如图 5-33 所示。

图 5-32

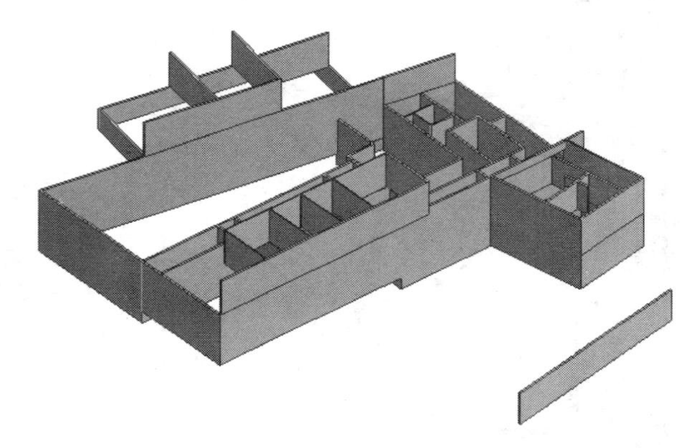

图 5-33

第6章 添 加 门 窗

门窗是建筑设计中常用的构件，在 Revit Architecture 中，门和窗是基于主体的构件，可以添加到任何类型的墙内。可以在平面视图、剖面视图、立面视图或三维视图中添加。

6.1 添加门

Revit Architecture 提供了门、窗工具，用于在项目中添加门窗图元。与墙不同的是，门和窗是可载入族，在添加门窗前，必须在项目中载入所需要的门窗族，才能在项目中使用。

6.1.1 定义门类型

单击“插入”选项卡>“从库中载入”面板>（载入族）按钮，在弹出的“载入族”对话框中，选择随书光盘中的“光盘文件/族文件/单扇平开木门.rfa”，将其载入到项目中。

在 0F 楼层平面视图中，单击“建筑”选项卡>“构件”面板>（门）按钮，在“属性”选项板中，选择门类型为“单扇平开木门 M0821”，单击“编辑类型”，在弹出的“类型属性”对话框中单击“复制”，修改名称为 M0921，单击“确定”按钮，如图 6-1 所示。

在类型参数中修改宽度为 900，如图 6-2 所示。单击“确定”按钮，完成新的门类型的创建。

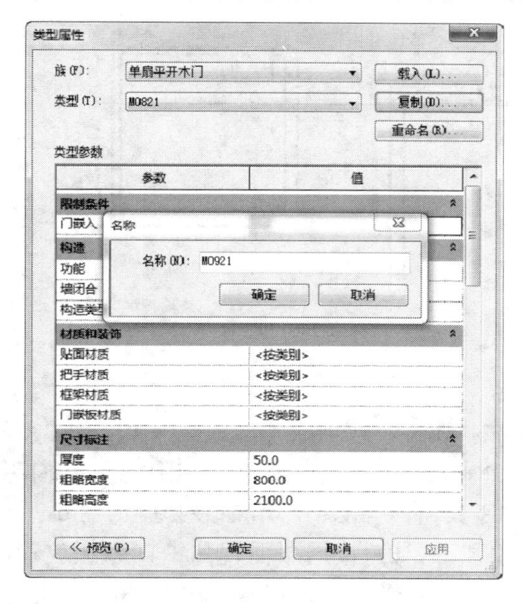

图 6-1

图 6-2

6.1.2 放置门

单击修改选项卡中（在放置时进行标记）按钮，取消放置时标记，移动光标到 B 轴线附近的墙上，出现放置门预览，如图 6-3 所示。单击放置门，放置门时会自动在墙上剪切洞口。

【注意】*在出现放置门预览时，可以通过上下移动鼠标将门进行上下翻转，单击键盘空格键将门进行左右翻转。*

修改门右边缘距墙外表面的临时尺寸值为 150，在空白处单击，如图 6-4 所示。

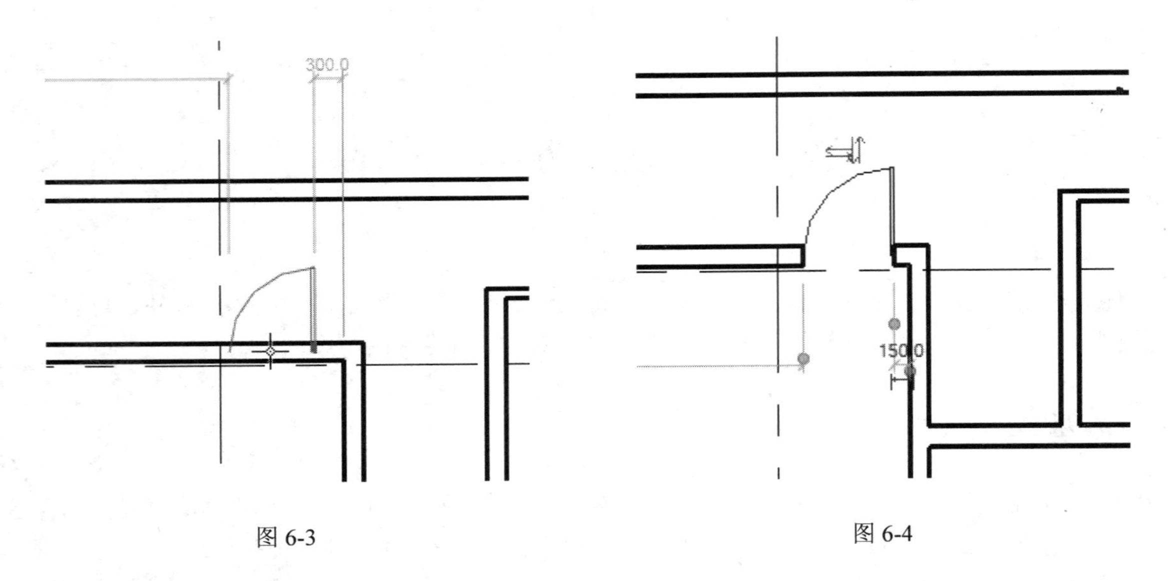

图 6-3　　　　图 6-4

【注意】放置门以后，可以通过单击门上的翻转符号将门进行左右翻转和上下翻转。

继续放置门 M0921，移动光标到 B 轴线附近的墙上，出现放置门预览，键盘输入快捷键 SM，将门居中，单击空格键翻转，如图 6-5 所示。单击放置门。

同样，按照前面所述的方法放置门，如图 6-6 所示。门类型为“单扇平开木门 M0821”。

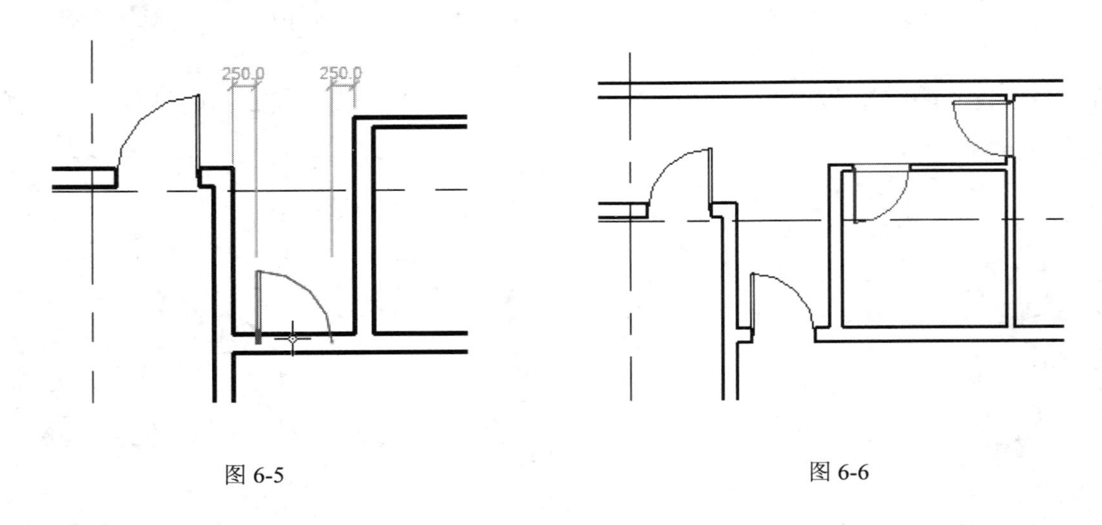

图 6-5　　　　图 6-6

单击“建筑”选项卡>“构件”面板>“门”按钮，在“属性”选项板中，选择门类型为“双扇平开木门 M1221”，在墙上放置。使用修改选项卡中（对齐）工具将门与 CAD 墙洞口对齐，如图 6-7 所示。

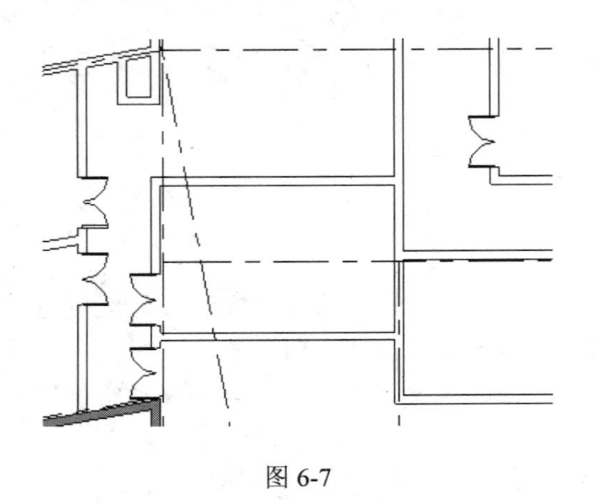

图 6-7

同样，在 0F 楼层平面视图中，添加放置门，门类型为“折叠门-5 块嵌板 TLM5234”，如图 6-8 所示。

在 1F 楼层平面视图中，添加放置门，如图 6-9 所示。

在 1F-1 楼层平面视图中，添加放置门，门类型为“单扇平开木门 M1021”，如图 6-10 所示。

在 2F 楼层平面视图中，添加放置门，门类型为“单扇平开木门 M1021”，如图 6-11 所示。

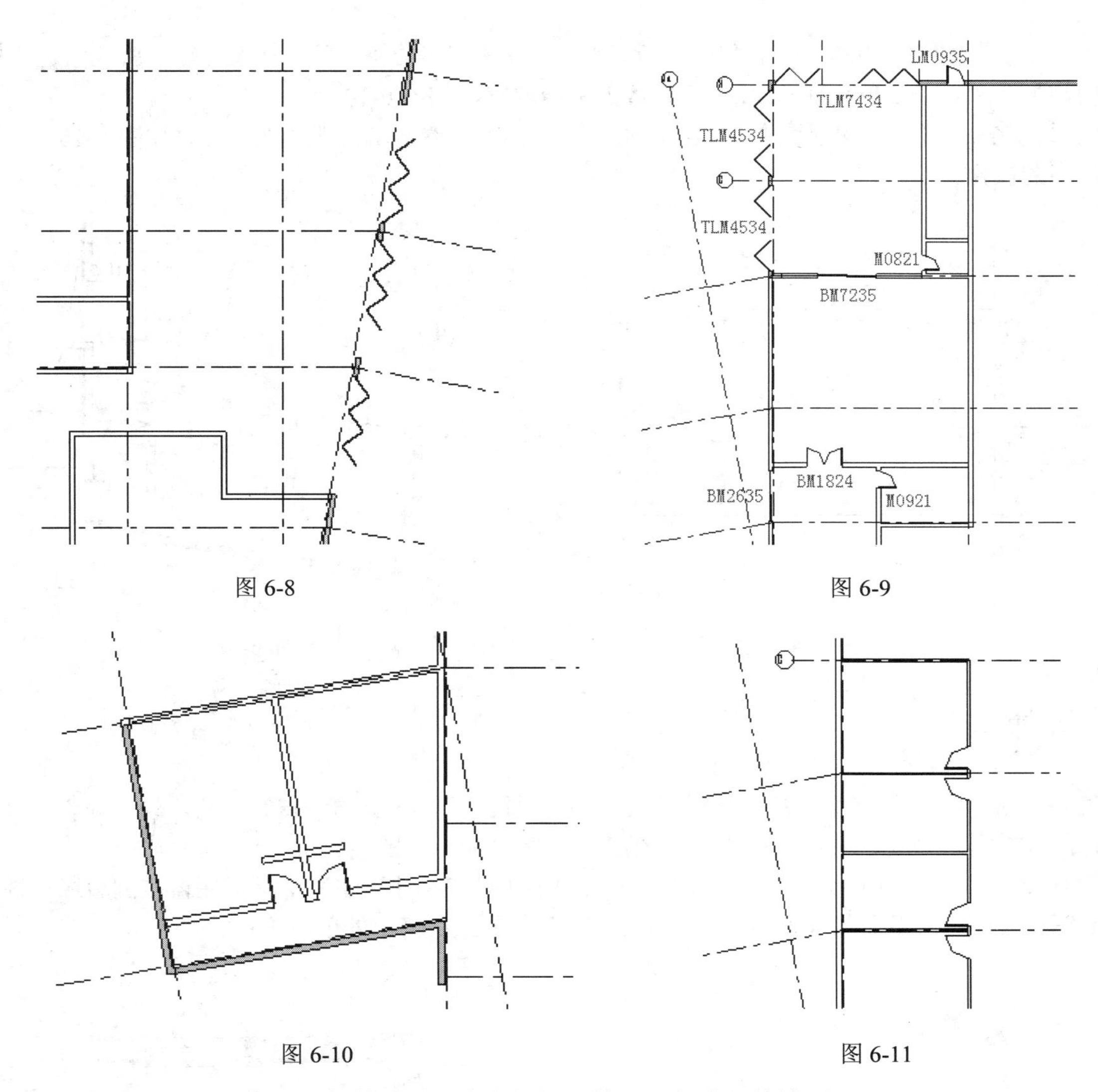

图 6-8　　图 6-9

图 6-10　　图 6-11

在 1F 楼层平面视图中，添加放置门，如图 6-12 所示。完成门的放置。

6.1.3　放置门洞

在 Revit Architecture 中，门洞是一种特殊情况下的门，如图 6-13 所示。门洞的添加与修改门一样。

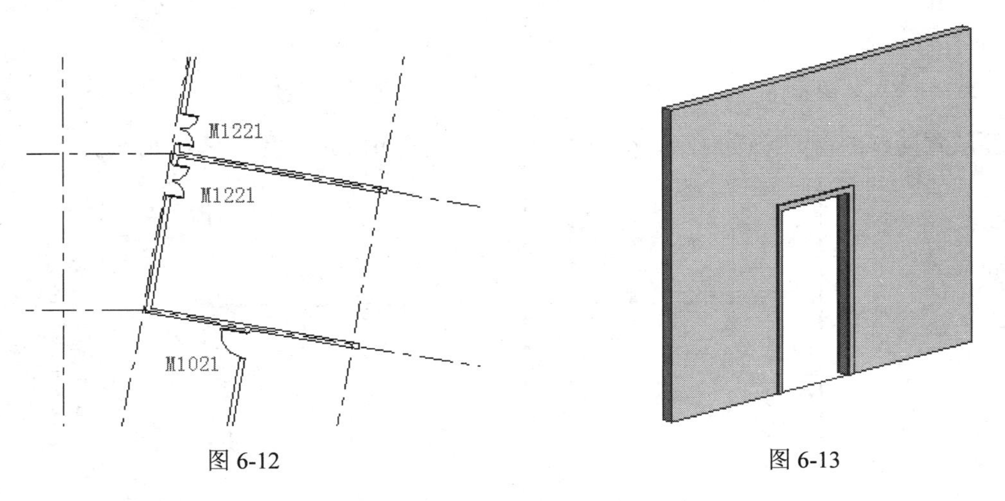

图 6-12　　图 6-13

在 0F 楼层平面视图中，单击“建筑”选项卡>“构件”面板>“门”按钮，在“属性”选项板中，选择门类型为“门洞 900×2100mm”，在墙上单击放置，如图 6-14 所示。

同样，在 0F 楼层平面视图中，继续添加门洞，门洞边缘与墙面距离为 200，如图 6-15 所示。完成添加门的操作。

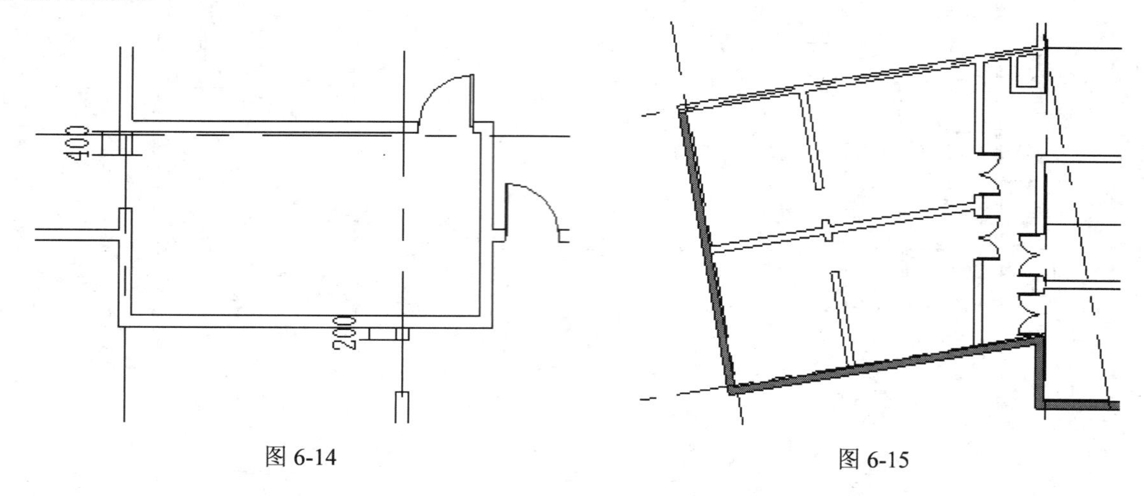

图 6-14　　　　图 6-15

6.2　添加窗

在 0F 楼层平面视图中，单击“建筑”选项卡>“构件”面板>（窗）按钮，在“属性”选项板中，选择窗类型为“固定窗 C0943”，修改底高度为 1100，如图 6-16 所示。

在 H 轴线附近的墙上放置，使用注释选项卡中（对齐尺寸标注）工具标注窗左侧边缘与 3 号轴线的距离，选中窗，修改尺寸值为 1200，如图 6-17 所示。在空白处单击确定。

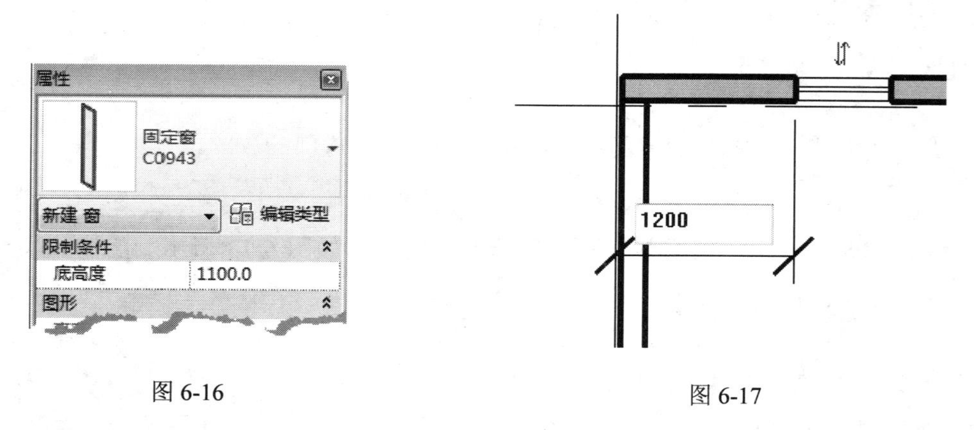

图 6-16　　　　图 6-17

在右侧放置同样的窗，修改内侧间距临时尺寸标注值为 9200.0，如图 6-18 所示。

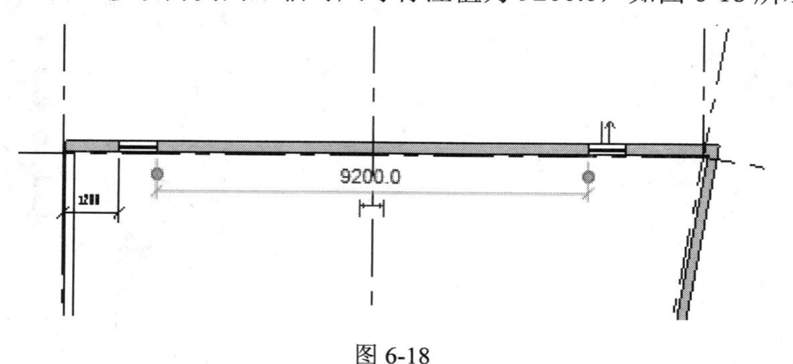

图 6-18

在两窗之间继续放置同样的窗，使用注释选项卡中“对齐尺寸标注”工具捕捉窗中点标注，单击等分符号 EQ，如图 6-19 所示，将窗中点间距等分。

同样，在 0F 楼层平面视图中继续放置窗 C0943，窗中点间距等分，如图 6-20 所示，底高度为 1100。

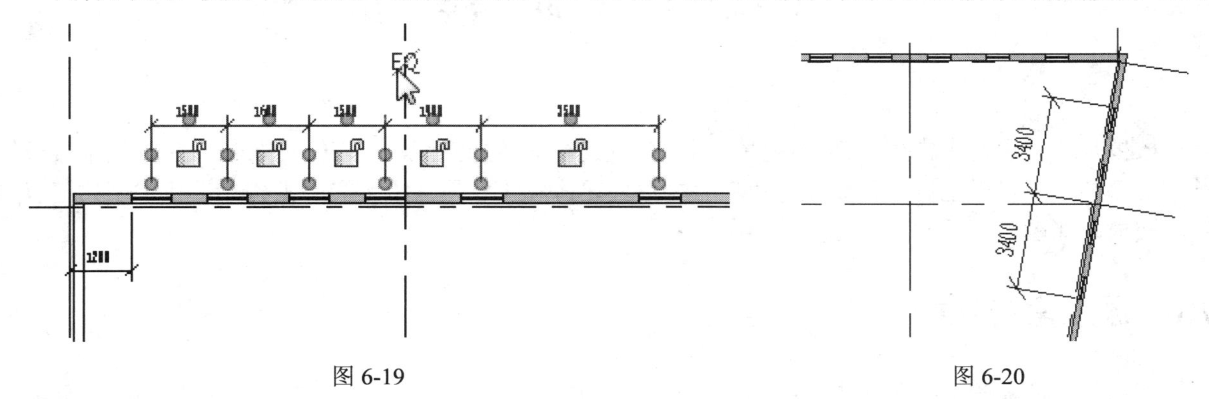

图 6-19　　　　图 6-20

在 1F-1 楼层平面视图中，添加放置窗，窗类型为“固定窗 C0817”，底高度为 0。使用修改选项卡中（对齐）工具将窗与 CAD 窗洞口对齐，如图 6-21 所示。

同样，在 1F 楼层平面视图中，添加放置窗，如图 6-22 所示。完成窗的创建。

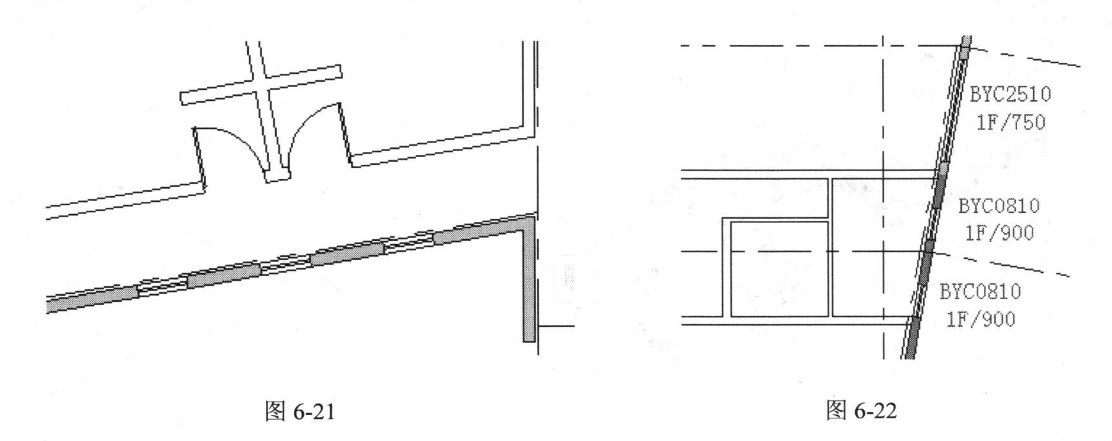

图 6-21　　　　图 6-22

在三维视图中观察，效果如图 6-23 所示。

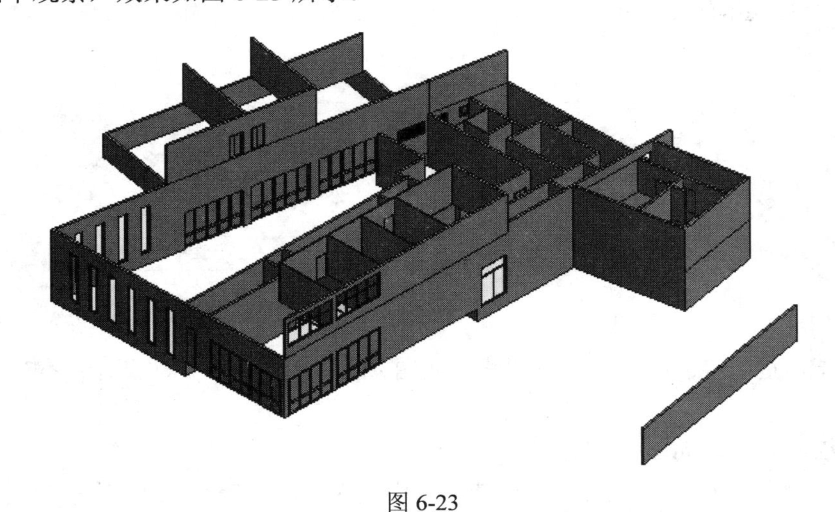

图 6-23

第7章　添　加　楼　板

楼板是建筑设计中常用的建筑构件，用于分割建筑的各层空间，Revit Architecture 提供了楼板工具，与墙类似，楼板也属于系统族，可以根据草图轮廓和类型属性中定义的结构在项目中创建任意形式的楼板，如图 7-1 所示。

7.1　添加室内楼板

本章中，楼板的建模工作由工程师 A 和工程师 B 一起完成。室内部分的楼板由工程师 B 创建完成。添加楼板的方式与添加墙的方式类似，绘制前需要预先定义好楼板的类型。

在 1F 楼层平面视图中，单击“建筑”选项卡>“构件”面板>（楼板：建筑）按钮，进入到楼板边界编辑模式。在“属性”选项板中，选择楼板类型为“楼板 常规 － 300mm”，如图 7-2 所示。

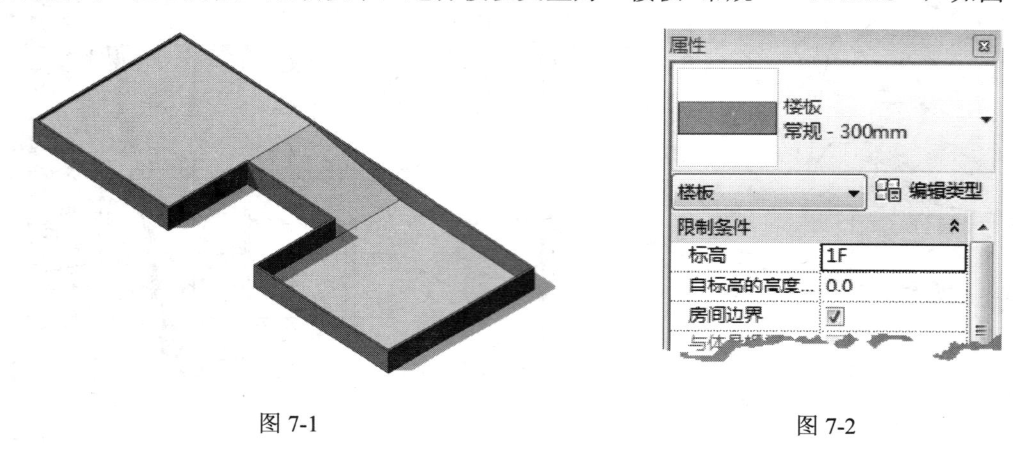

图 7-1　　　　图 7-2

在“修改/创建楼层编辑”选项卡>“绘制”面板中选择边界线绘制方式为（拾取墙），如图 7-3 所示。

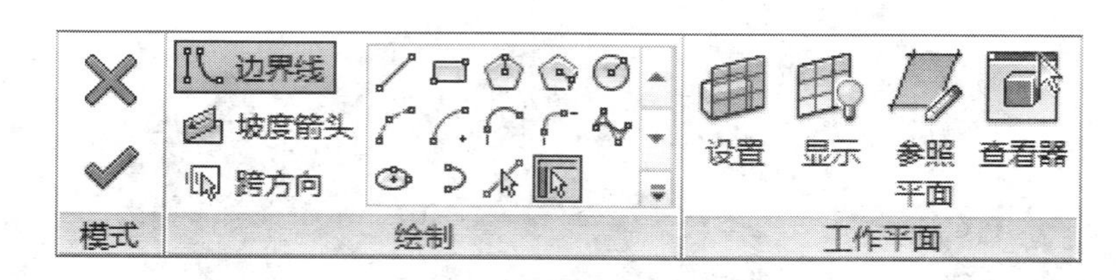

图 7-3

在墙内侧单击，拾取绘制楼板边界草图线，如图 7-4 所示。单击图中所示的翻转符号，将线翻转到墙的另外一侧。

继续拾取墙绘制草图，如图 7-5 所示。

选择边界线绘制方式为（拾取线），在选项栏中输入偏移量值为 250，拾取轴线向外偏移绘制草图，使用“修改“面板（修剪/延伸为角）工具修改草图线为闭合连接的图形，如图 7-6 所示。

单击“完成”按钮，弹出是否剪切的选择对话框，单击“是”按钮，完成楼板的创建，如图 7-7 所示。

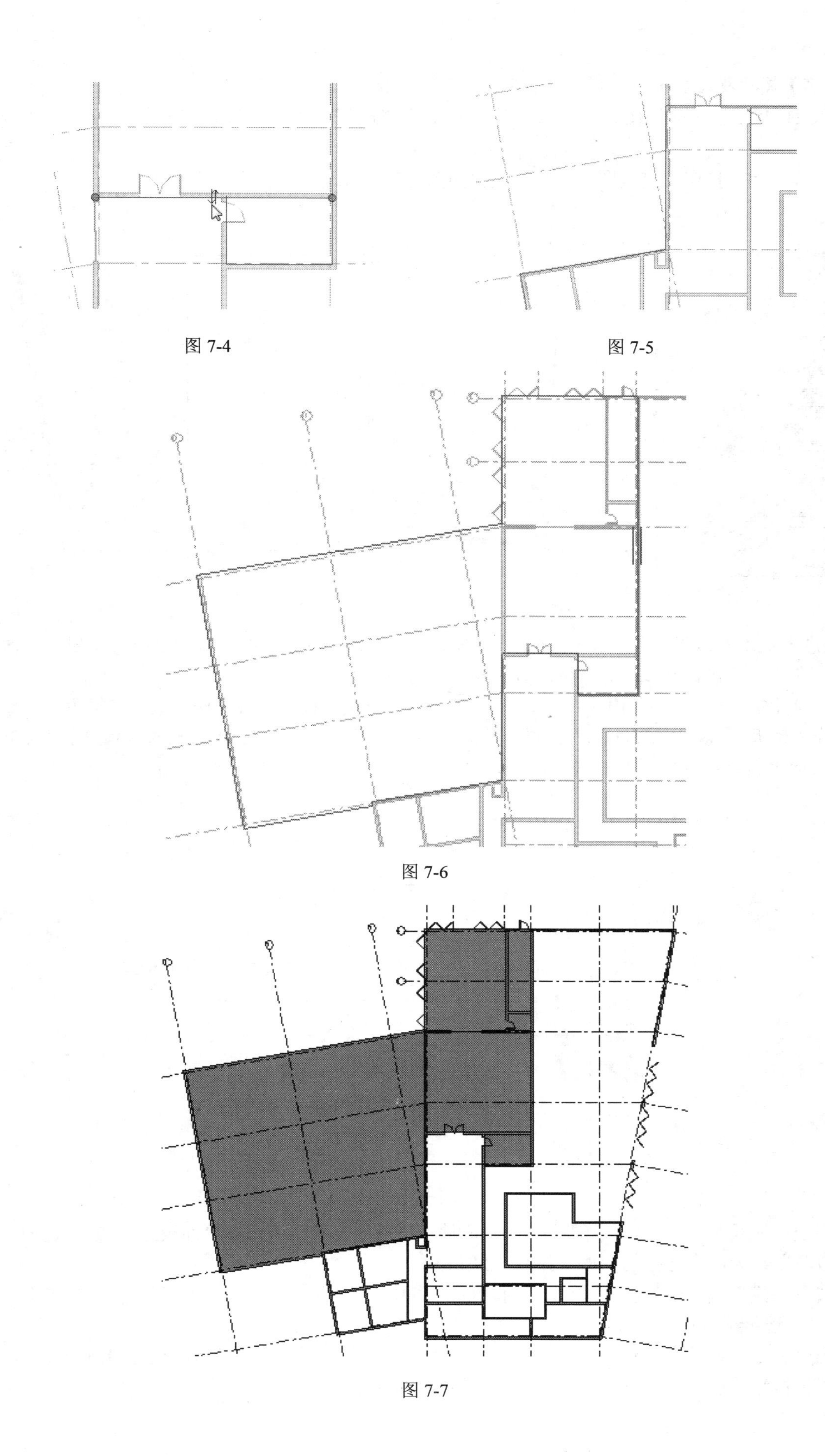

图 7-4

图 7-5

图 7-6

图 7-7

【注意】图中视图显示视图样式为着色，便于观察楼板。

进入 1F-1 楼层平面视图，在“属性”选项板中修改楼层平面属性，选择基线为 1F，如图 7-8 所示。

单击“应用”按钮，在视图中观察，效果如图 7-9 所示。

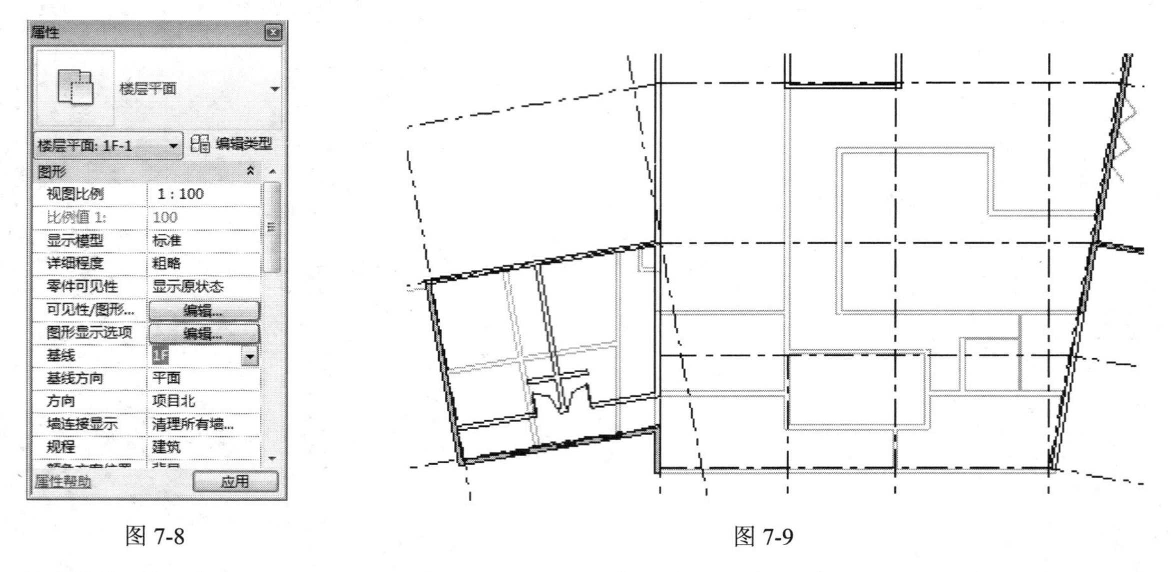

图 7-8　　　　　　　　　　　　　　图 7-9

【注意】使用基线显示，可以让楼层平面以下的墙体在视图中淡显，这对于理解不同楼层的构件关系非常有用，通常在导出或打印视图前需要关闭基线。

单击“建筑”选项卡>“构件”面板>（楼板：建筑）按钮，进入楼板边界编辑模式，修改楼板类型为“楼板 常规 － 150mm”，选择边界线绘制方式为（拾取线），输入偏移量值为 300，拾取 C 轴线向上偏移绘制草图，如图 7-10 所示。

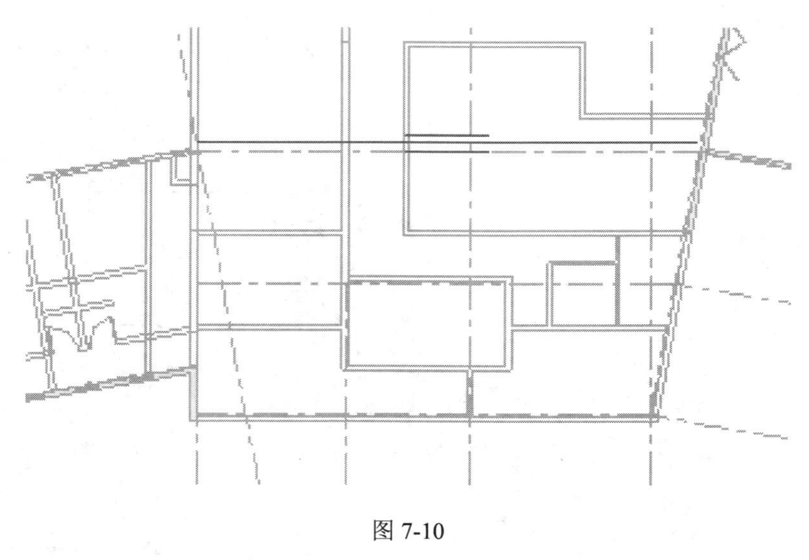

图 7-10

选择边界线绘制方式为（拾取墙），拾取墙绘制草图，使用“修改“面板（修剪/延伸为角）工具修改草图线为闭合连接的图形，如图 7-11 所示。

单击“完成”按钮，弹出 Revit 选择对话框，单击“是”按钮，如图 7-12 所示。楼板范围内顶标高为 1F-1 的墙将附着在该楼板上。

弹出“警告”对话框，单击“分离目标”按钮，如图 7-13 所示。楼板边缘在外墙内表面上，附着后不与楼板接触，选择“分离目标”，将取消外墙的附着。

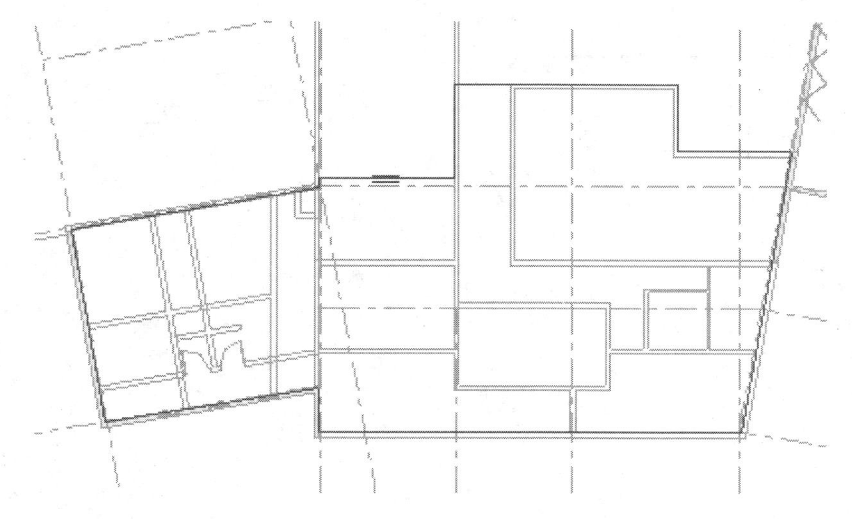

图 7-11

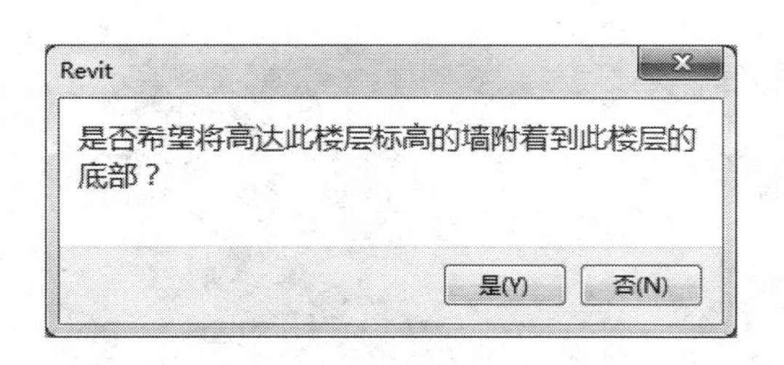

图 7-12

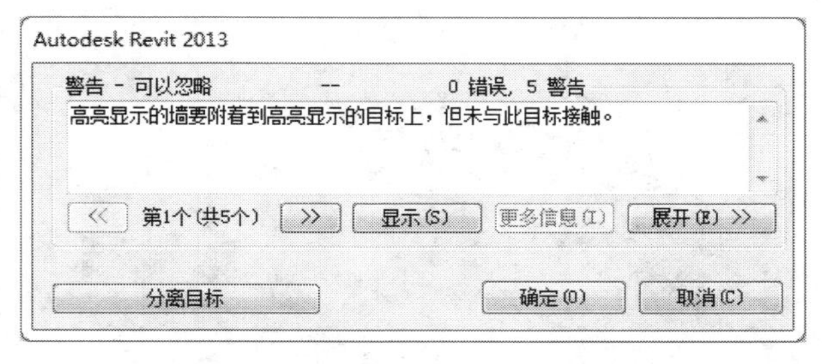

图 7-13

弹出 Revit 选择对话框，单击“是”按钮，完成楼板的创建，如图 7-14 所示。楼板下方的内墙将附着在该楼板上且外墙不附着。

在三维视图中观察，效果如图 7-15 所示。

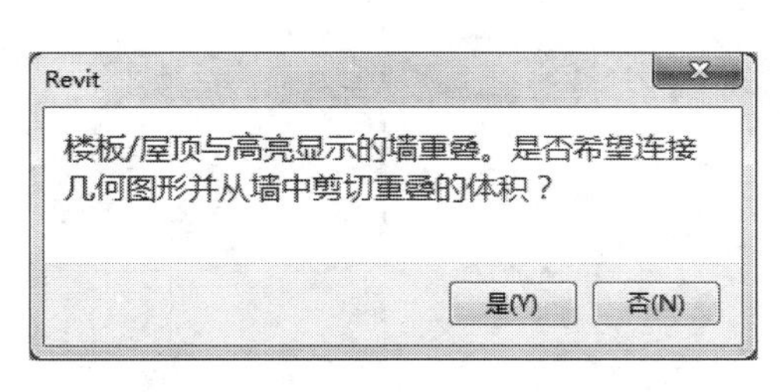

图 7-14

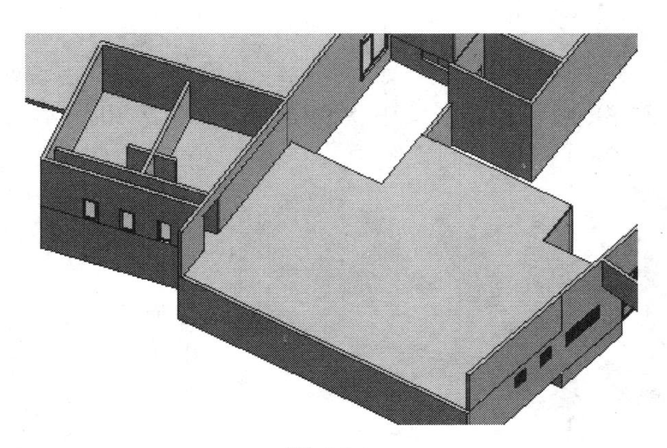

图 7-15

同样，在 2F 楼层平面视图中绘制楼板，如图 7-16 所示。楼板类型为“楼板 常规 － 150mm”。

细节尺寸如图 7-17 所示。单击“完成”按钮，弹出“选择”对话框，同样依次单击“是”按钮、“分离目标”按钮、“是”按钮完成楼板的创建。

单击“快速访问工具栏”>（默认三维视图）按钮，进入三维视图，选择墙，如图 7-18 所示。单击（分离 顶部/底部）按钮，在楼板上单击，取消该墙在楼板上的附着。

单击“修改”选项卡>“几何图形”面板> 连接（连接几何图形）按钮，分别在楼板和墙上单击，将墙与楼板重合的部分剪切，如图 7-19 所示。

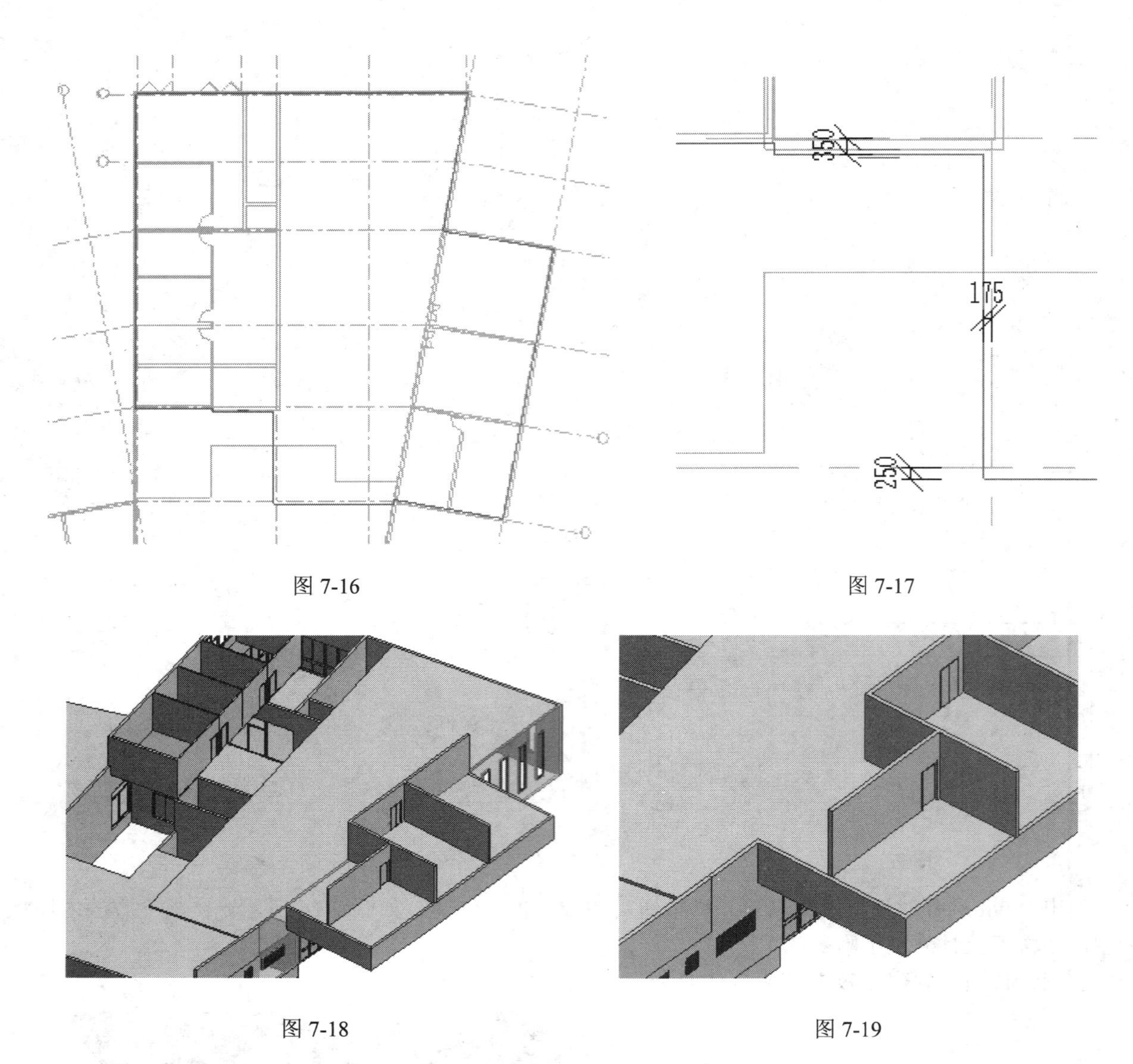

图 7-16

图 7-17

图 7-18

图 7-19

在 2F 楼层平面视图中绘制楼板，如图 7-20 所示。楼板类型为“楼板 常规 － 150mm”。

在 2F-1 楼层平面视图中绘制楼板，如图 7-21 所示。楼板类型为“楼板 常规 － 150mm”。

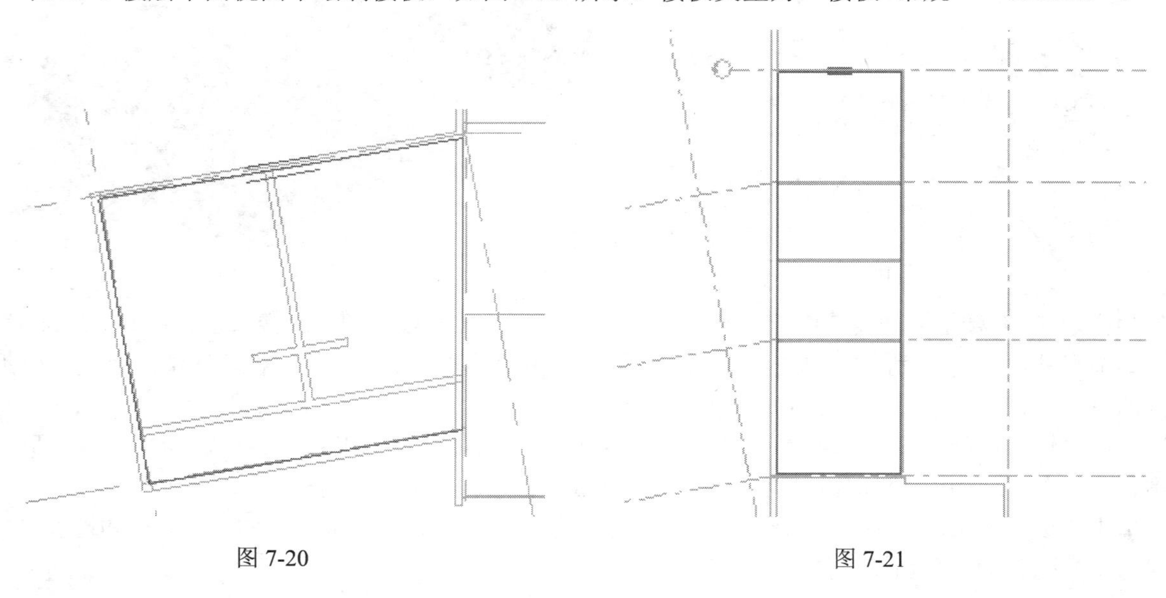

图 7-20

图 7-21

在三维视图中观察，效果如图 7-22 所示。完成室内楼板的创建。

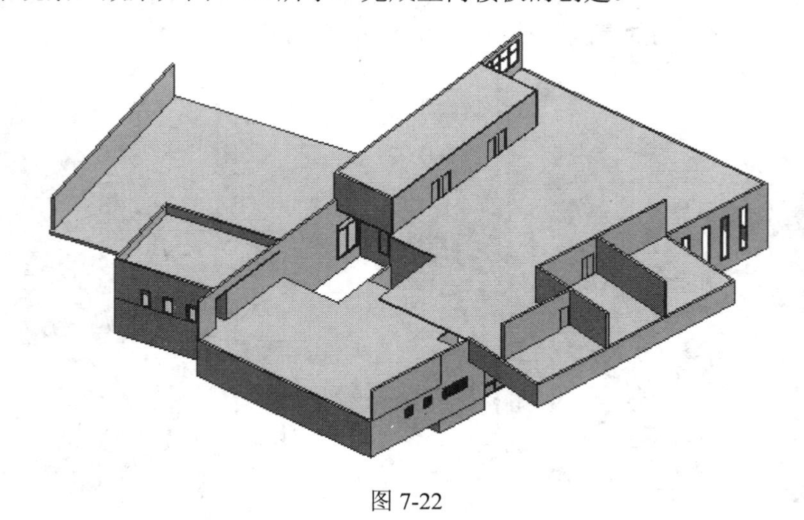

图 7-22

7.2　添加室外楼板

室外部分的楼板由工程师 A 创建完成，由于协同工作的同时性，在开始该部分建模工作之前，会先完成第 10 章体量部分的工作。工程师 A 在开始协同工作之前，需要从中心文件创建本地副本，并选择自己的工作集。参考第 5 章中工程师 B 开始墙体绘制之前的操作内容，不重复说明。

7.2.1　添加室外楼板操作

在 1F 楼层平面视图中，单击“建筑”选项卡>“构件”面板>（楼板：建筑）按钮，进入到楼板边界编辑模式。在“属性”选项板中，选择楼板类型为“楼板 常规 - 300mm”，修改自标高的高度偏移值为-50，如图 7-23 所示。

选择边界线绘制方式为（拾取线），拾取 CAD 绘制草图，使用（修剪/延伸为角）工具修改草图线为闭合连接的图形，如图 7-24 所示。单击完成，完成楼板的创建。

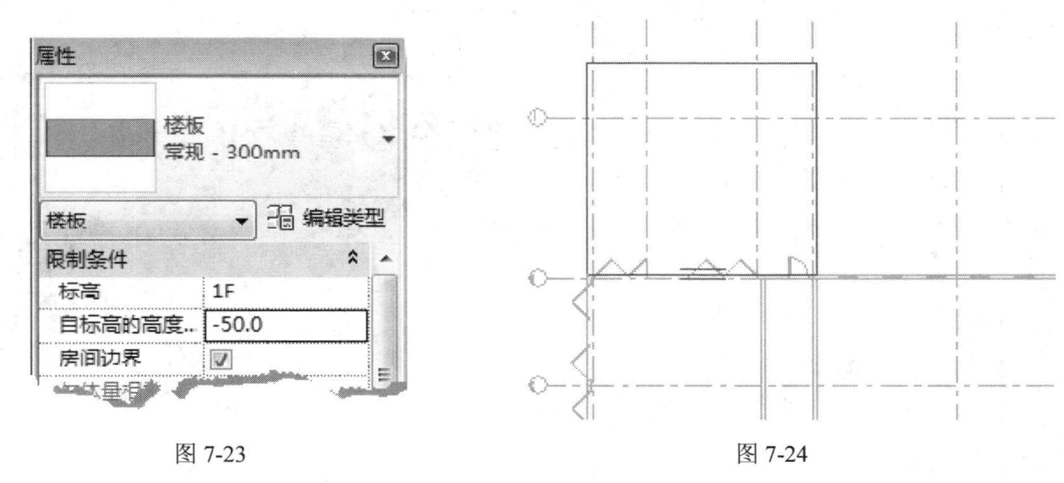

图 7-23　　图 7-24

在三维视图中选择楼板，在“修改/楼板”选项卡中单击“复制到剪贴板”按钮，在“粘贴”下拉菜单，选择“与选定的标高对齐”，在弹出的“选择标高”对话框中，选择 2F 标高，单击“确定”按钮，将该楼板复制粘贴到 2F 标高上，如图 7-25 所示。修改楼板类型为“楼板 常规 - 150mm”。

同样，在 0F 楼层平面视图中，拾取 CAD 绘制楼板，如图 7-26 所示。选择楼板类型为“楼板 常规 － 300mm”，修改自标高的高度偏移值为-50，完成室外楼板的创建。

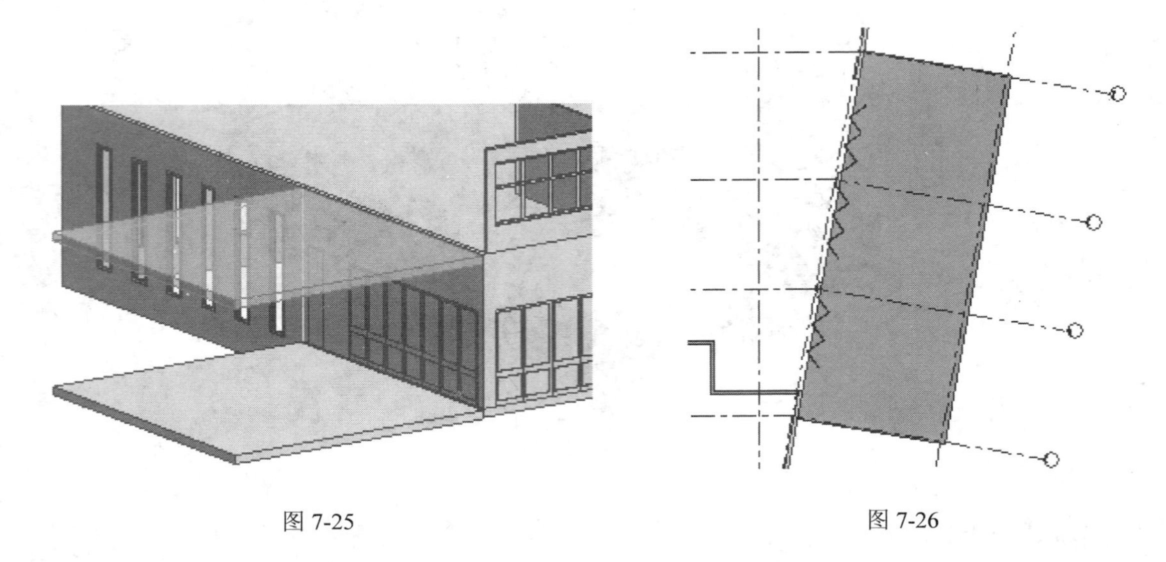

图 7-25　　　　图 7-26

7.2.2　添加室外柱

在 1F 楼层平面视图中，单击“建筑”选项卡>“构建”面板>“柱”下拉菜单>（柱：建筑）按钮，在“属性”选项板中，选择柱类型为“矩形柱 1500×900mm”，在选项栏中，修改柱“高度”为 2F，如图 7-27 所示。

图 7-27

捕捉轴线交点放置柱，如图 7-28 所示。

【注意】在出现放置柱预览时，可以通过键盘空格键将柱旋转。

在三维视图中选择柱，在“属性”选项板中修改底部偏移值为-50，单击（附着 顶部/底部）按钮，在 2F 室外楼板上单击，将柱附着在该楼板上，如图 7-29 所示。

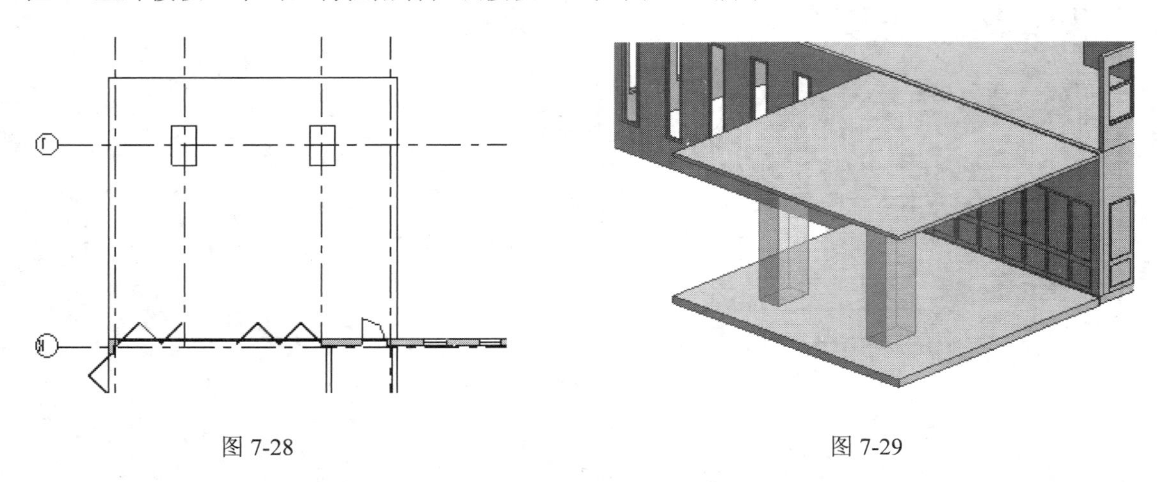

图 7-28　　　　图 7-29

同样，在 1F 楼层平面视图中继续在轴网交点上放置柱，如图 7-30 所示。选择柱类型为“矩形柱 500×500mm”，在选项栏中，修改柱“高度”为 2F-1。

【注意】放置完成后，使用对齐工具将柱表面与楼板边缘对齐。

选择放置的柱，在“属性”选项板中修改底部偏移值为-50，在三维视图中观察，效果如图 7-31 所示。完成柱的创建。

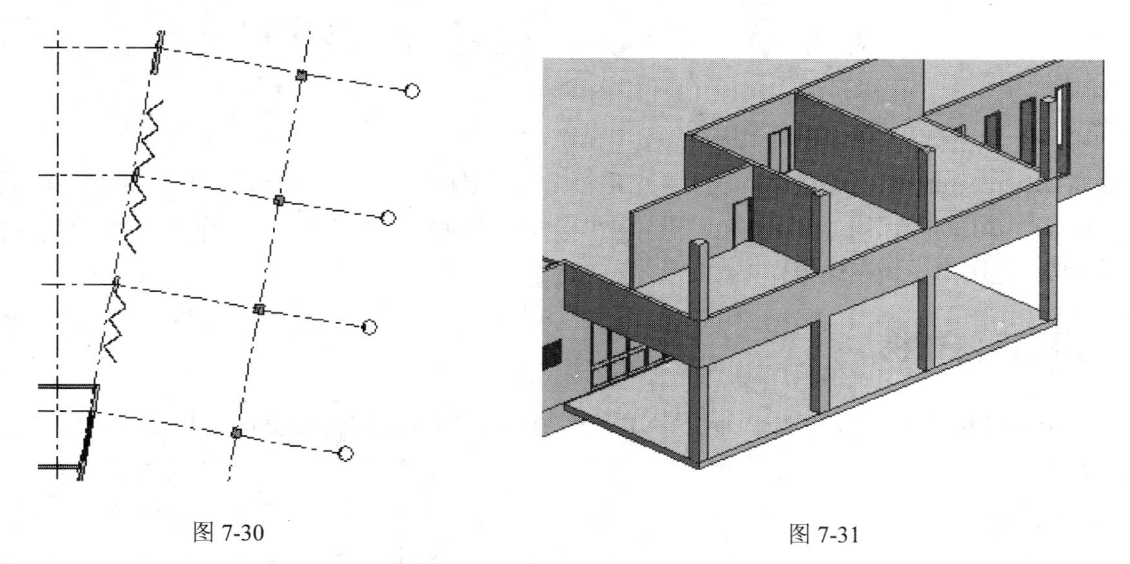

图 7-30　　图 7-31

【注意】完成屋顶的创建后再将柱附着到屋顶上。

第 8 章　楼梯、扶手和坡道

Revit Architecture 提供了楼梯、扶手、坡道等工具，通过定义不同的楼梯、扶手类型可以在项目中生成各种不同形式的楼梯、扶手构件。在 Revit Architecture 2013 中提供了新的楼梯绘制方式——按构件，通过装配常见梯段、平台和支撑构件来创建楼梯，如图 8-1 所示。

8.1　创建室内楼梯

本章中的建模工作同样由工程师 A 和工程师 B 一起完成。室内部分的楼梯由工程师 B 创建完成。

8.1.1　绘制楼梯

在 1F-1 楼层平面视图中，单击“建筑”选项卡>“构建”面板>（楼梯：按构件）按钮，进入到楼梯绘制模式。在“属性”选项板中，选择楼梯类型为“组合楼梯 190mm 最大踢面 250mm 梯段”，修改所需踢面数为 20，实际踏步深度为 300，如图 8-2 所示。

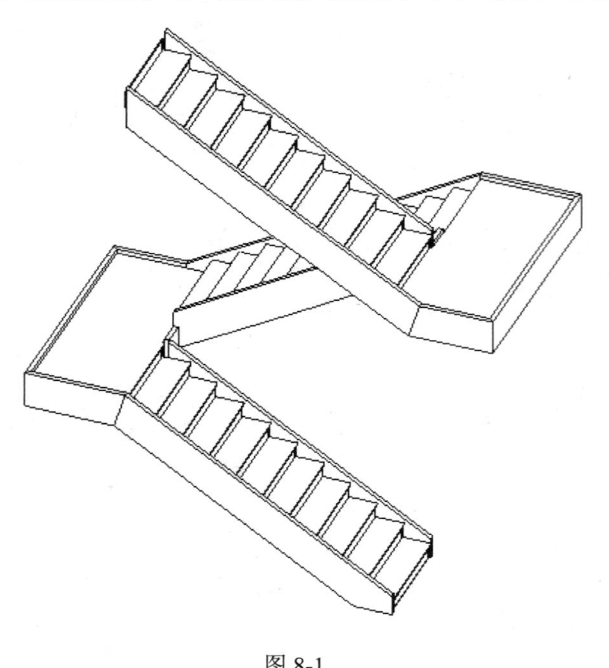

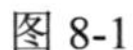
图 8-1

图 8-2

单击“编辑类型”，在弹出的“类型属性”对话框中，修改右侧支撑和左侧支撑为 “踏步梁（开放）”，如图 8-3 所示，单击“确定”按钮。

单击“建筑”选项卡>“工作平面”面板>（参照平面）按钮，选择“绘制”方式为（直线），修改偏移量为 250，沿 C 轴线从左往右绘制。使用（复制）工具向上复制参照平面，如图 8-4 所示。

选择梯段绘制方式为（直梯），如图 8-5（a）所示。在参照平面间绘制两段直梯，如图 8-5（b）所示。中间平台部分将自动生成。

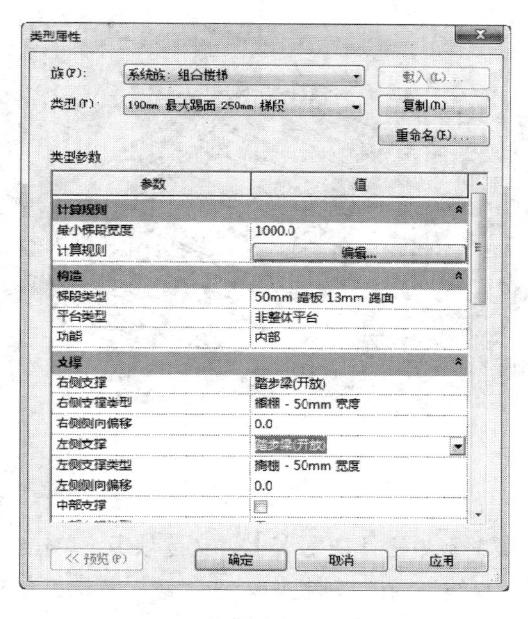

图 8-3

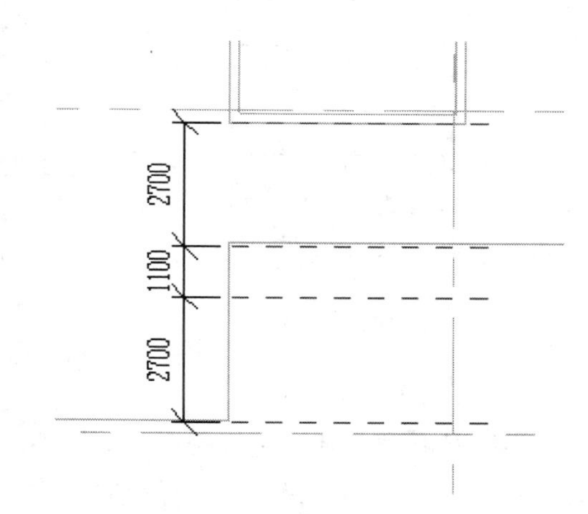

图 8-4

选择绘制的直梯，在“属性”选项板中修改实际梯段宽度为 4250，单击“应用”按钮，如图 8-6 所示。

在“修改/创建楼梯”选项卡中单击（栏杆扶手）按钮，在弹出的“栏杆扶手”对话框中修改扶手类型为“1100mm 圆管”，如图 8-7 所示。单击“确定”按钮。

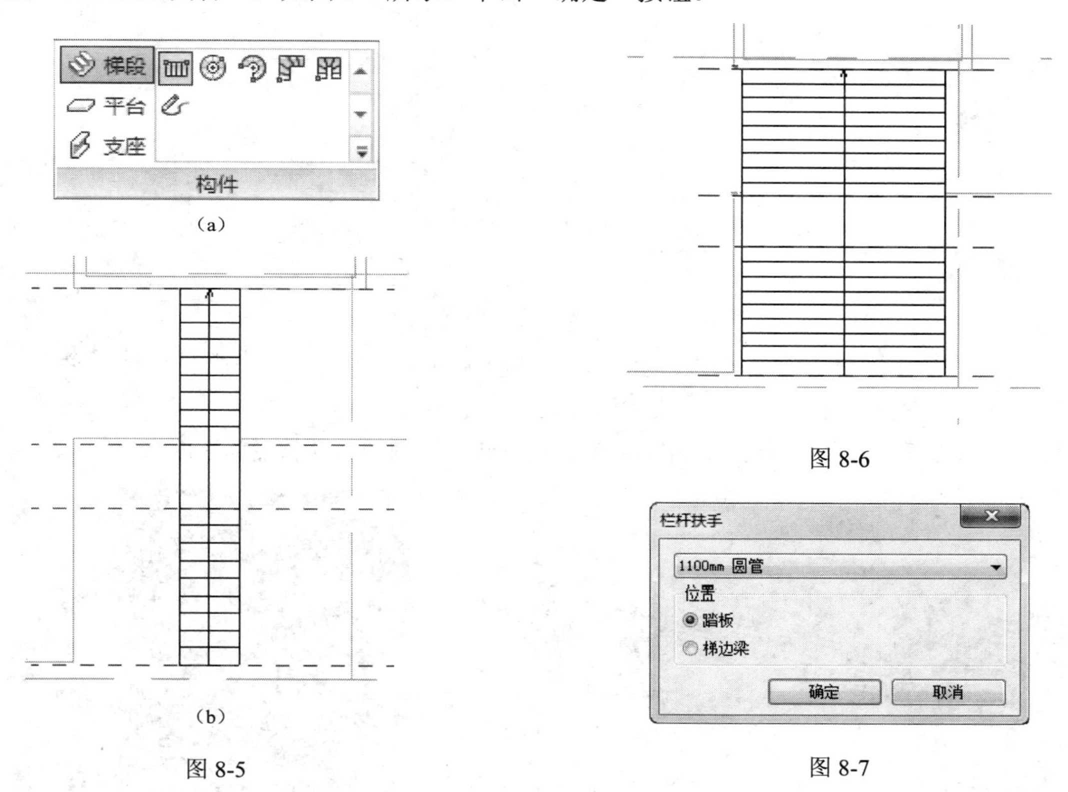

图 8-5

图 8-6

图 8-7

单击“完成”按钮，完成楼梯的创建。使用修改选项卡中（对齐）工具将楼梯左边缘与墙右侧表面对齐，如图 8-8 所示。

在三维视图中观察，效果如图 8-9 所示。

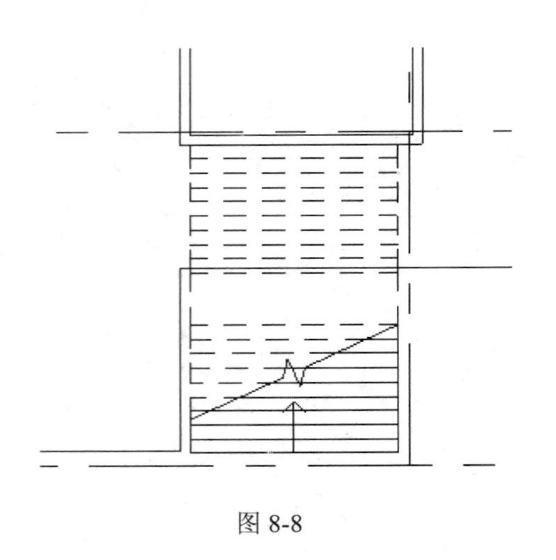

图 8-8

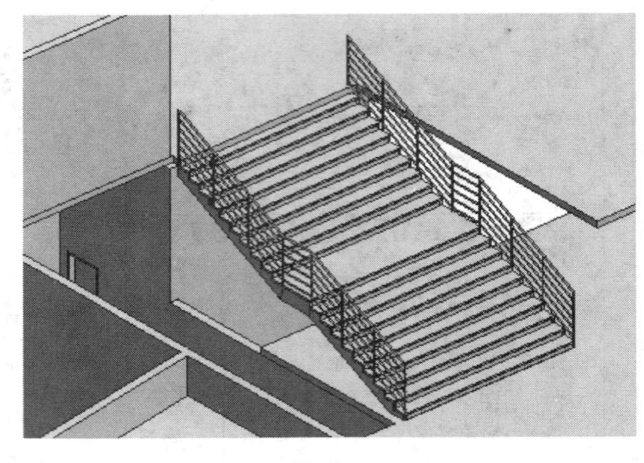

图 8-9

8.1.2 编辑栏杆扶手

在 2F 楼层平面视图中，选择楼梯右侧扶手，进入“修改/栏杆扶手”上下文选项卡，单击（编辑路径），进入扶手路径编辑模式。选择绘制方式为（直线），在选项栏中勾选“链”复选框，从扶手路径端点开始向上绘制直线，长度为 300.0，如图 8-10 所示。再继续向右绘制。

选择绘制方式为（拾取线），修改偏移量为 50，拾取楼板边缘绘制路径，使用（修剪/延伸为角）工具修改路径为连接的图形，如图 8-11 所示。

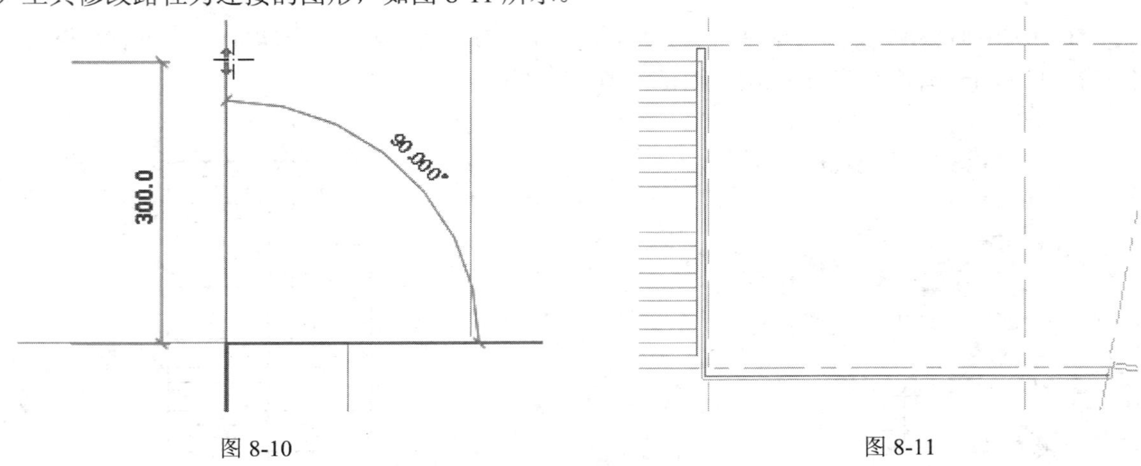

图 8-10

图 8-11

单击完成，在三维视图中观察，效果如图 8-12 所示。

同样，修改楼梯左侧栏杆扶手，如图 8-13 所示。向上绘制的路径长度为 300。

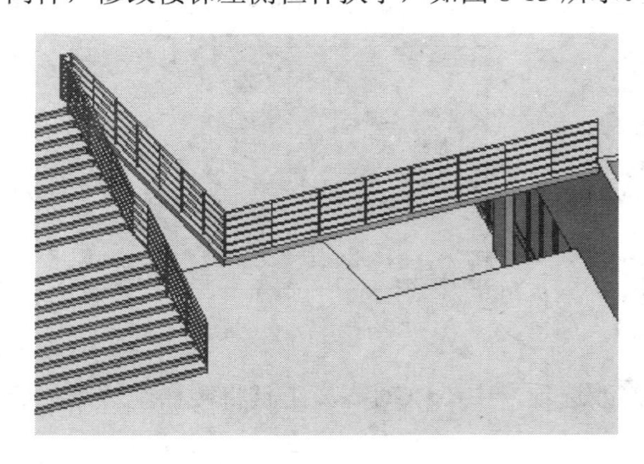

图 8-12

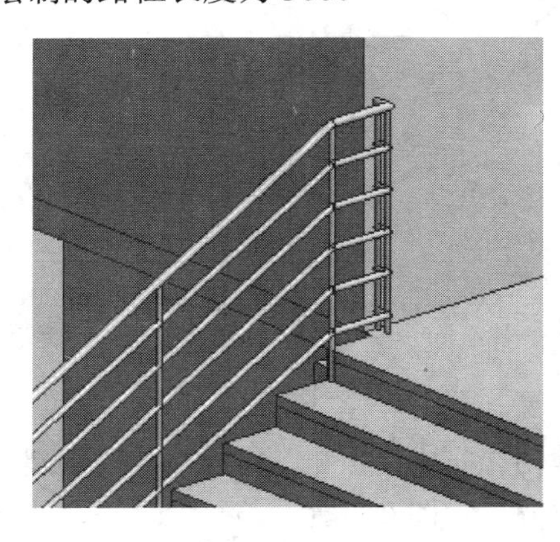

图 8-13

8.1.3 完成其他楼梯

在 0F 楼层平面视图中，单击“建筑”选项卡>“构件”面板> （楼梯：按构件）按钮，进入到楼梯绘制模式。绘制参照平面，如图 8-14 所示。

在“属性”选项板中，选择楼梯类型为“组合楼梯 190mm 最大踢面 250mm 梯段”，修改顶部标高为 1F-1，所需踢面数为 24，实际踏步深度为 300，绘制梯段，如图 8-15 所示。

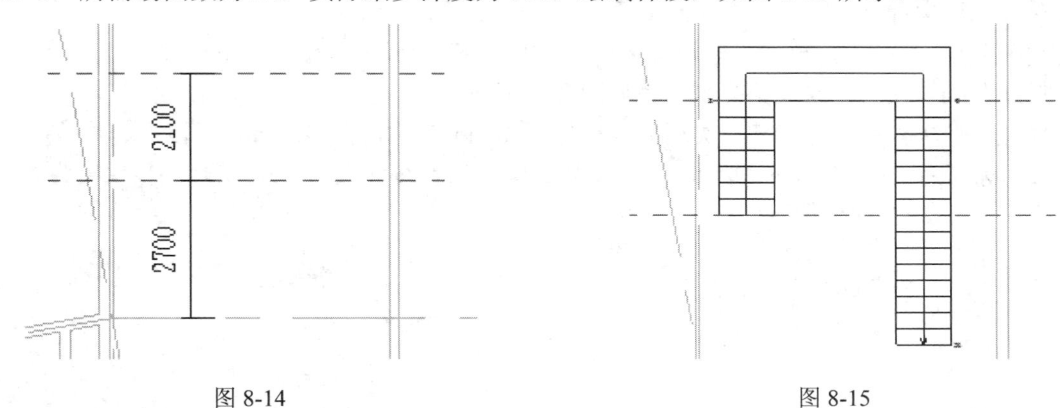

图 8-14　　　　图 8-15

修改左侧直梯实际梯段宽度为 2550，右侧直梯实际梯段宽度为 2700，使用（对齐）工具将其边缘与墙表面对齐，如图 8-16 所示。

在 1F 楼层平面视图中，选择平台，拖曳上边缘三角操纵柄捕捉到墙表面，如图 8-17 所示。修改扶手类型为“1100mm 圆管”，单击完成，完成楼梯的创建。

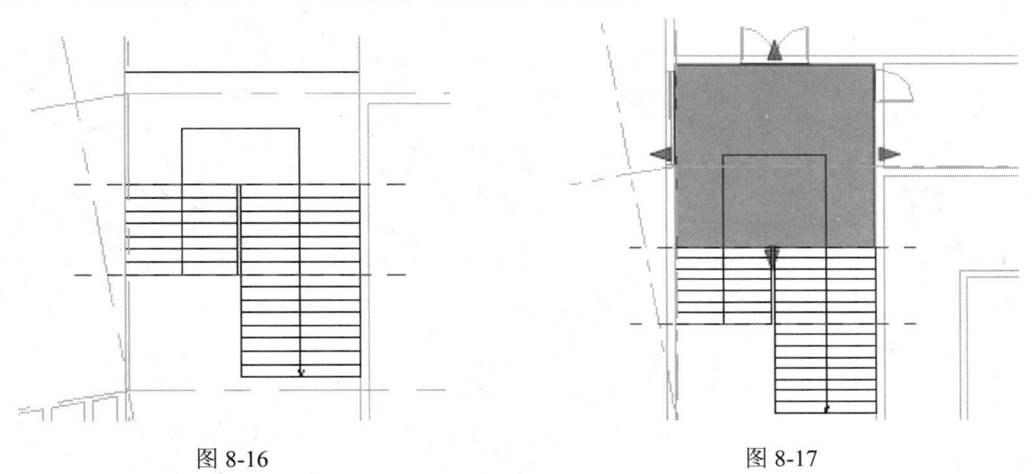

图 8-16　　　　图 8-17

删除外侧栏杆扶手，按照前面所述的方法修改内侧栏杆扶手，如图 8-18 所示。

同样在 0F 楼层平面视图中绘制水处理间楼梯，如图 8-19 所示。楼梯底部标高为 0F，底部偏移为 -1200，顶部标高为 0F，顶部偏移为 0。

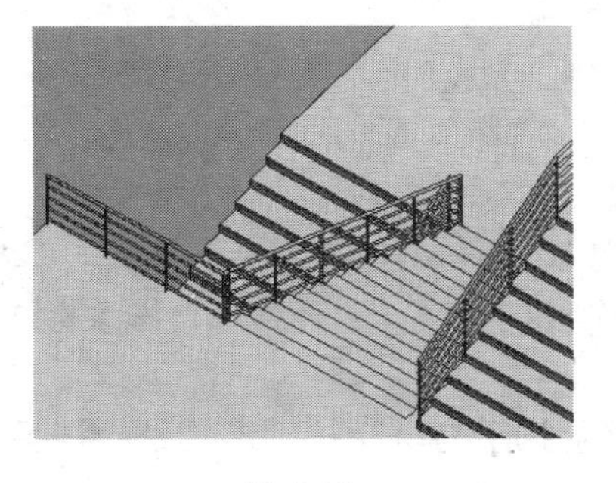

图 8-18

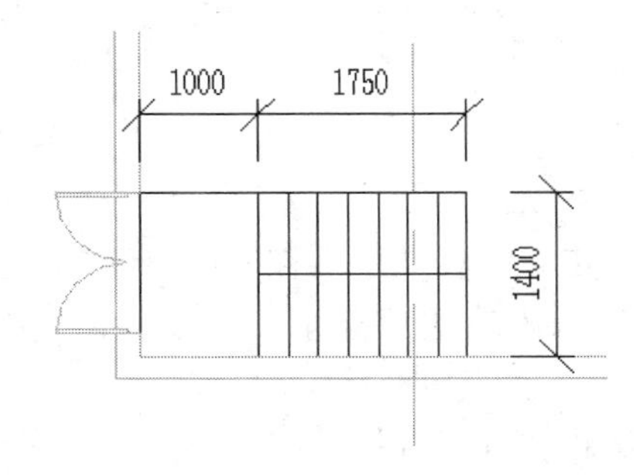

图 8-19

8.2 创建室外楼梯、坡道

本节内容楼梯由工程师 A 创建完成。北入口楼梯的创建将采用按草图的方式来绘制。

8.2.1 绘制北入口楼梯

在 1F 楼层平面视图中，单击“建筑”选项卡>“构件”面板> “楼梯”下拉菜单> 楼梯(按草图)按钮，进入到楼梯草图编辑模式。绘制参照平面，如图 8-20 所示。

在“属性”选项板中，选择楼梯类型为“楼梯 190mm 最大踢面 250mm 梯段”，修改底部偏移为-300，顶部标高为 2F，顶部偏移为-50，宽度为 2200，所需踢面数为 36，实际踏步深度为 280，单击“应用”按钮，如图 8-21 所示。

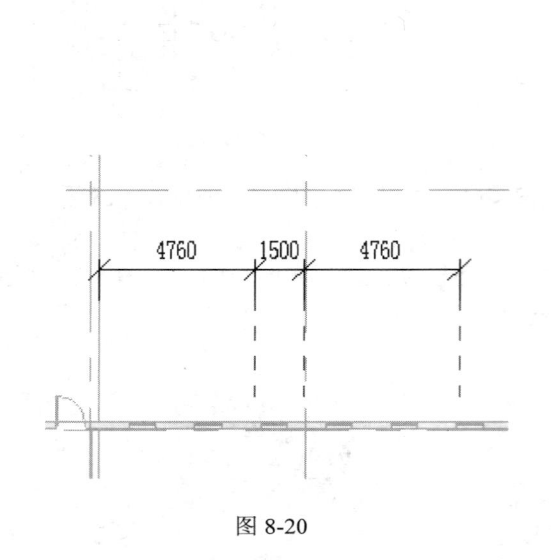

图 8-20

图 8-21

选择梯段绘制方式为（直线），如图 8-22（a）所示。在参照平面间绘制梯段草图，如图 8-22（b）所示。

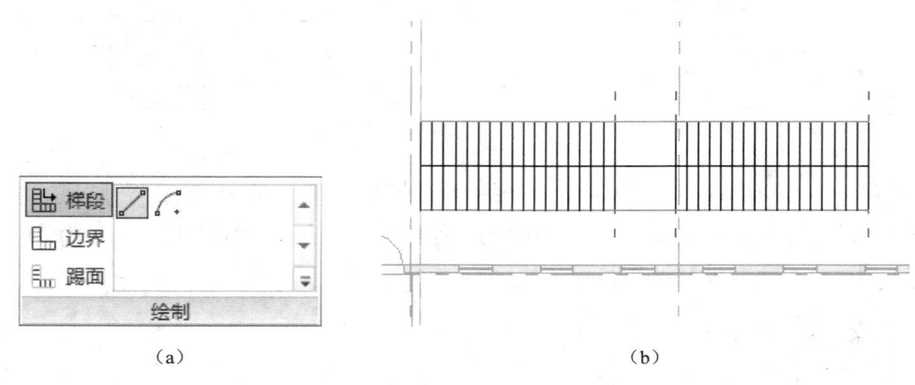

（a）　　（b）

图 8-22

同样，单击“栏杆扶手”按钮，修改扶手类型为“1100mm 圆管”，单击“确定”按钮，完成楼梯绘制，使用（对齐尺寸标注）工具标注楼梯边缘与 H 轴线的距离，选择楼梯，修改标注值为 1750，如图 8-23 所示。在空白处单击。

同样，编辑楼梯栏杆扶手路径添加楼板平台扶手，平台扶手与楼梯扶手连接处的扶手路径要单独绘制，如图 8-24 所示。

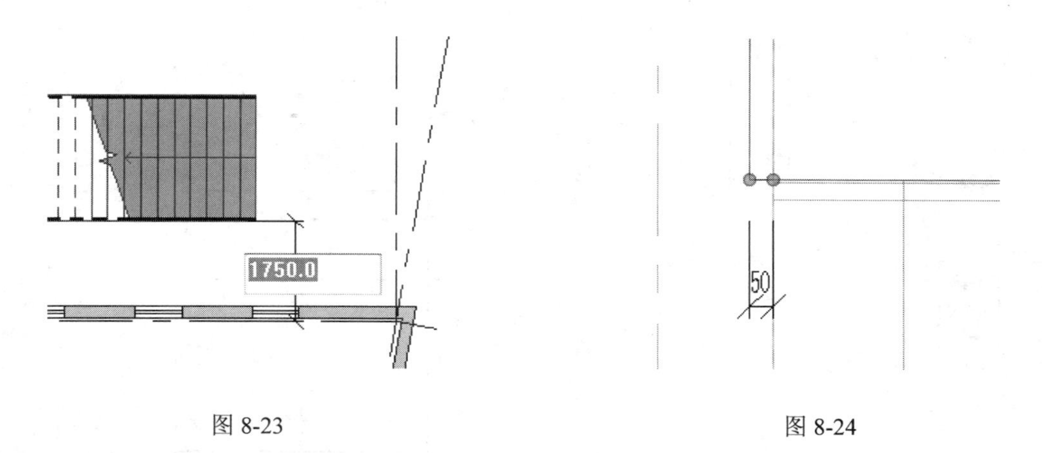

图 8-23　　图 8-24

完成后在三维视图中观察，效果如图 8-25 所示。

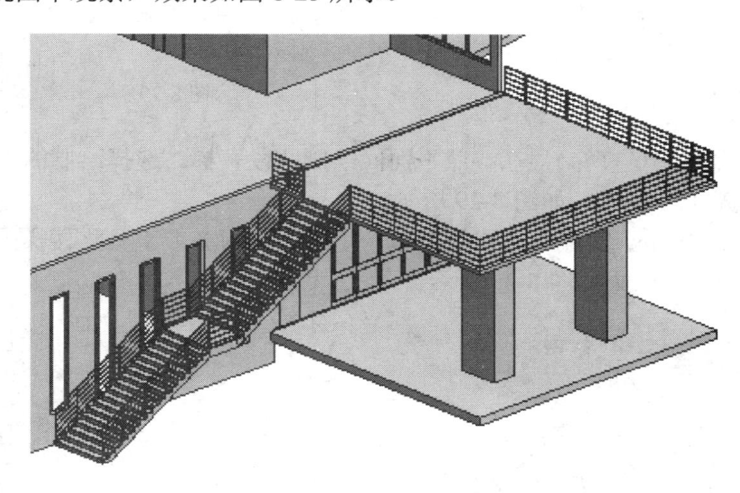

图 8-25

8.2.2　绘制南入口楼梯

在 1F-1 楼层平面视图中绘制参照平面，如图 8-26 所示。

单击“建筑”选项卡>“构建”面板>（楼梯：按构件）按钮，进入到楼梯绘制模式。绘制参照平面，如图 8-27 所示。

在“属性”选项板中，选择楼梯类型为“组合楼梯 190mm 最大踢面 250mm 梯段”，修改底部标高为 1F，底部偏移为 1400，顶部标高为 1F-1，顶部偏移为-50，所需踢面数为 8，实际踏步深度为 800，单击“应用”按钮，如图 8-28 所示。

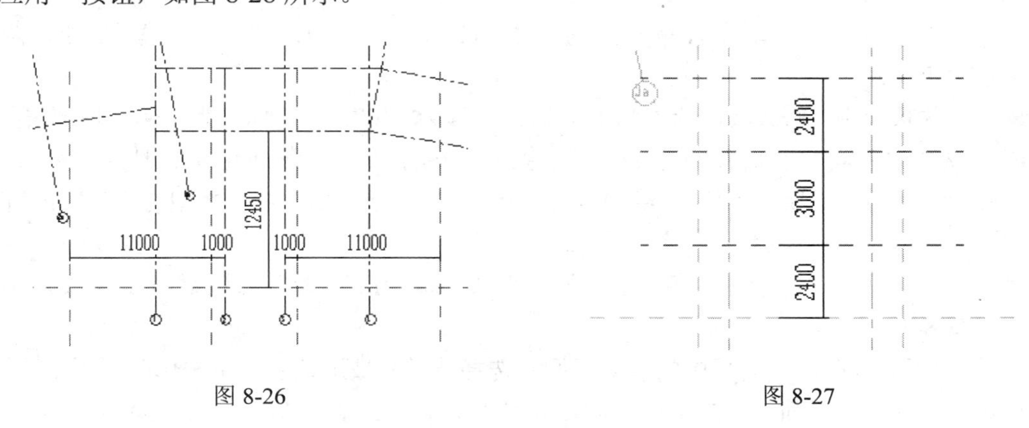

图 8-26　　图 8-27

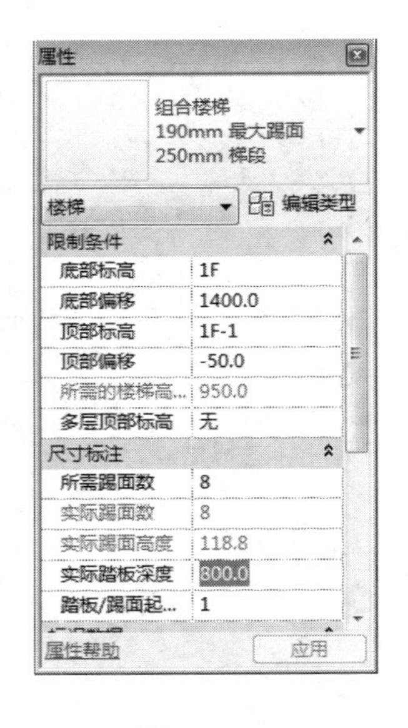

图 8-28

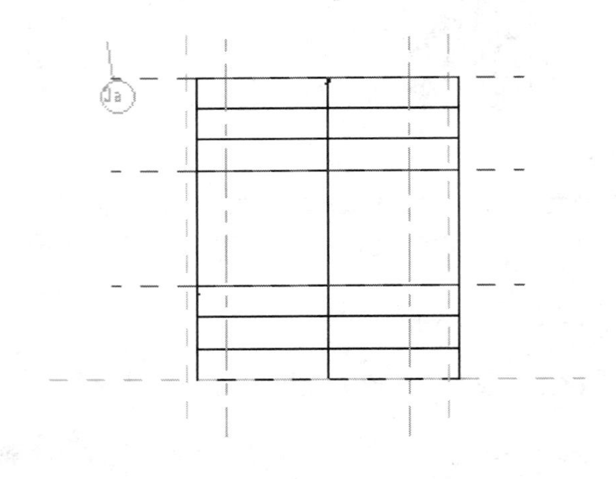

图 8-29

选择梯段绘制方式为（直梯），在参照平面间绘制两段直梯。选择绘制的直梯，在“属性”选项板中修改实际梯段宽度为 6600，如图 8-29 所示。

修改扶手类型为“900mm 圆管”，完成楼梯。使用（对齐）工具将楼梯外侧边缘与参照平面对齐。在三维视图中观察，效果如图 8-30 所示。

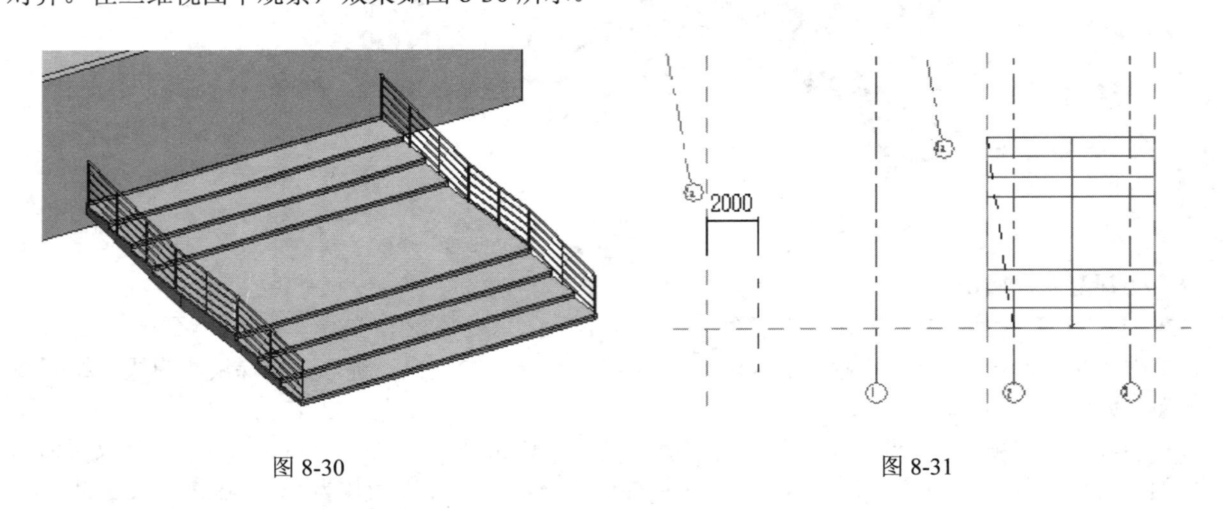

图 8-30

图 8-31

8.2.3 绘制坡道

单击“建筑”选项卡>“构件”面板>（坡道）按钮，进入到坡道草图编辑模式。绘制两条参照平面，如图 8-31 所示。

在“属性”选项板中，修改底部标高为 1F，底部偏移为 1400，顶部标高为 1F-1，顶部偏移为-50，宽度为 4000。选择梯段绘制方式为（圆心-端点弧），绘制弧形坡道，如图 8-32 所示。

选择梯段线，拖动端点捕捉到斜向参照平面，如图 8-33 所示。修改扶手类型为“900mm 圆管”，完成坡道。

在三维视图中观察，选择坡道扶手，在“属性”选项板中修改踏板/梯边梁偏移为-25，单击“应用”按钮，如图 8-34 所示。

在 1F-1 楼层平面视图中绘制居中的参照平面，选择坡道和坡道扶手，单击修改面板中（镜像-拾取轴）按钮，拾取残照平面，单击镜像，如图 8-35 所示。

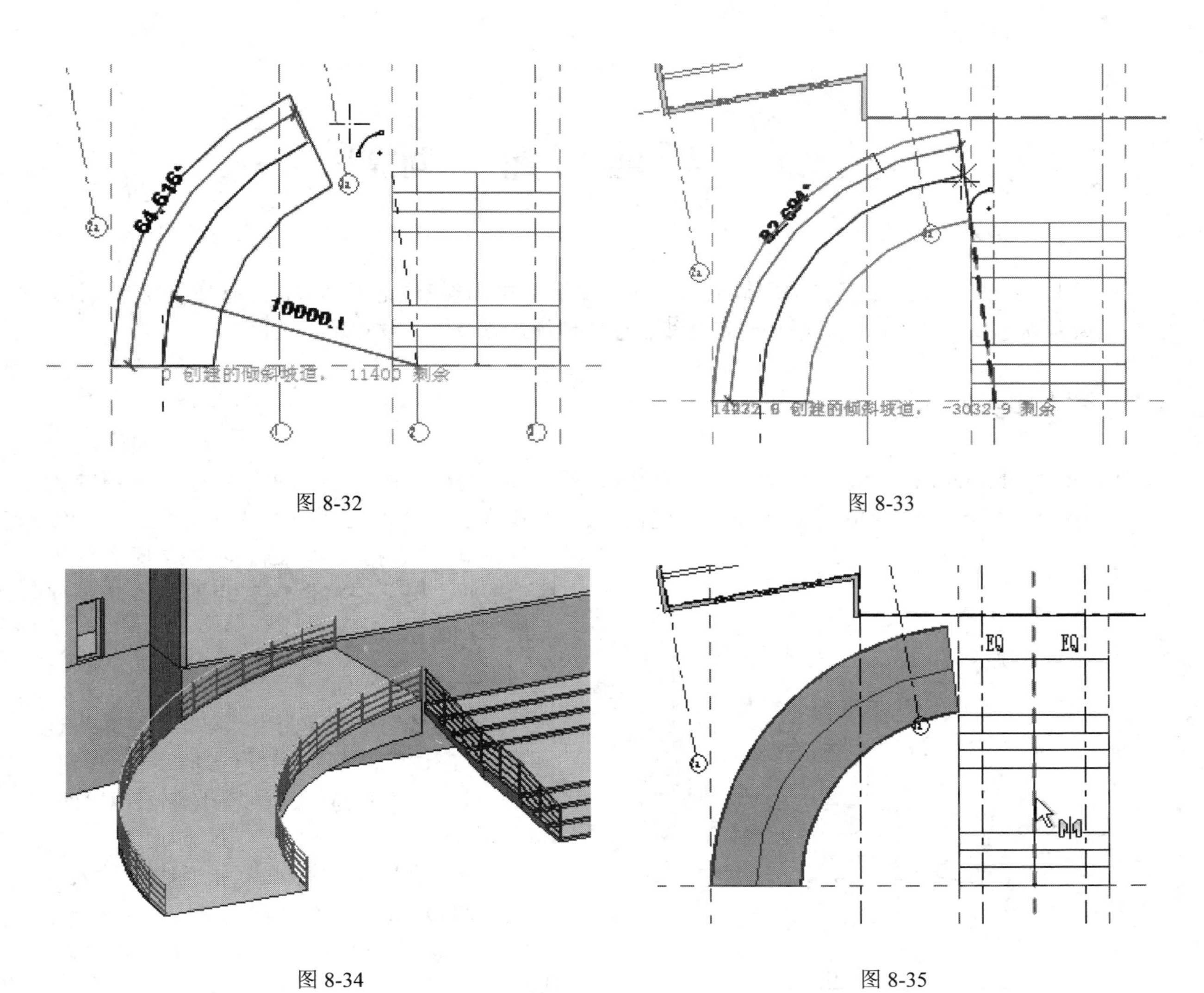

图 8-32

图 8-33

图 8-34

图 8-35

再拾取线绘制楼板，在三维视图中观察，效果如图 8-36 所示。楼板类型为“室外 – 450mm”，标高为 1F-1，自标高的高度偏移为-50。

图 8-36

第9章　场地与建筑地坪

使用 Revit Architecture 提供的场地工具，可以在项目中创建三维地形模型，进行建筑场地设计。可以从绘制地形表面开始，然后添加建筑红线、建筑地坪，以及停车场和场地构件。

9.1　添加地形表面

Revit Architecture 提供了两种方式创建地形表面，放置点和通过导入文件创建。使用放置点可以手动添加地形点并指定点高程，创建简单的地形模型。导入文件的方式允许导入 DWG 文件或测量数据文本来自动生成真实场地地形表面。接下来将以放置点的方式来创建地形表面。

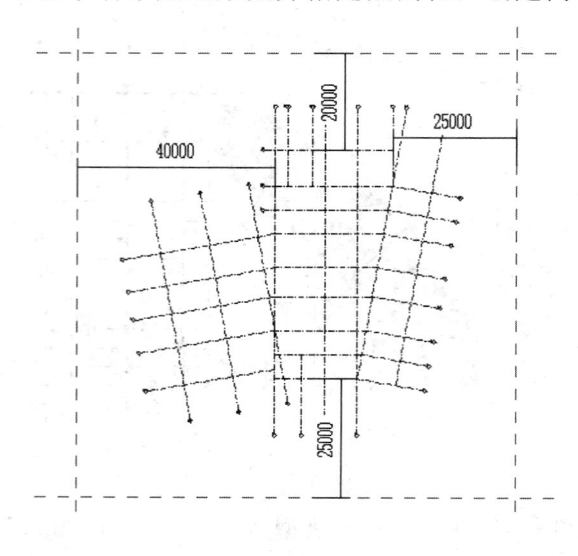

图 9-1

9.1.1　绘制参照平面

在场地楼层平面视图中，单击“建筑”选项卡>“工作平面”面板>（参照平面）按钮，选择“绘制”方式为（直线），绘制参照平面，如图 9-1 所示。

选择“绘制”方式为（拾取线），输入偏移量为 2000，拾取 1/A 号轴线在其上方绘制参照平面，拖动左侧端点延长参照平面，如图 9-2 所示。

同样，拾取 A 轴向上偏移绘制参照平面并延长，偏移量为 1800 和 2000，如图 9-3 所示。

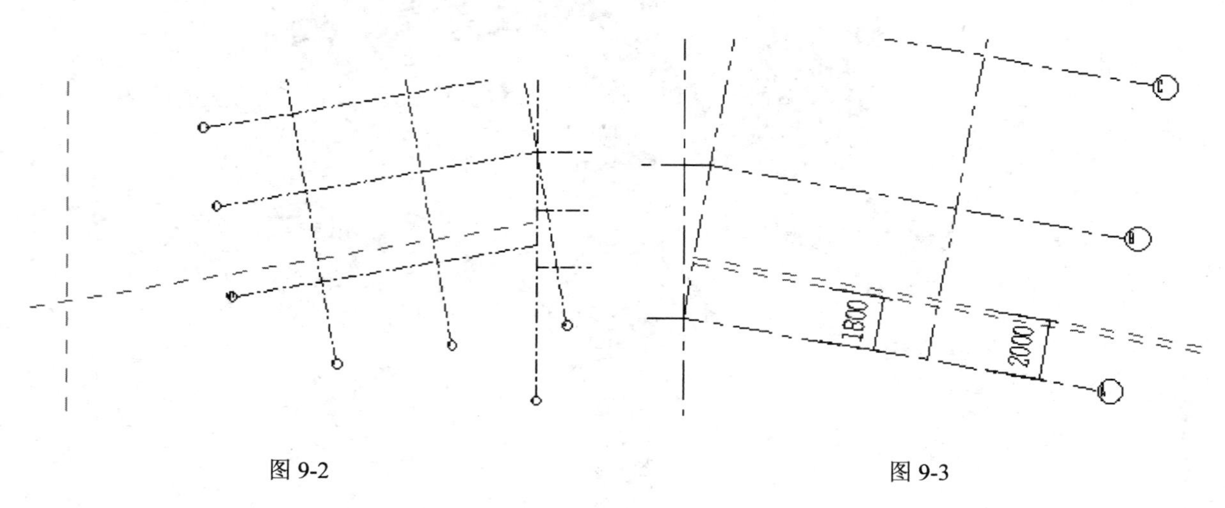

图 9-2　　图 9-3

继续拾取 F 轴向上偏移绘制参照平面并延长，偏移量为 500 和 1700，如图 9-4 所示。

完成参照平面的绘制，如图 9-5 所示。

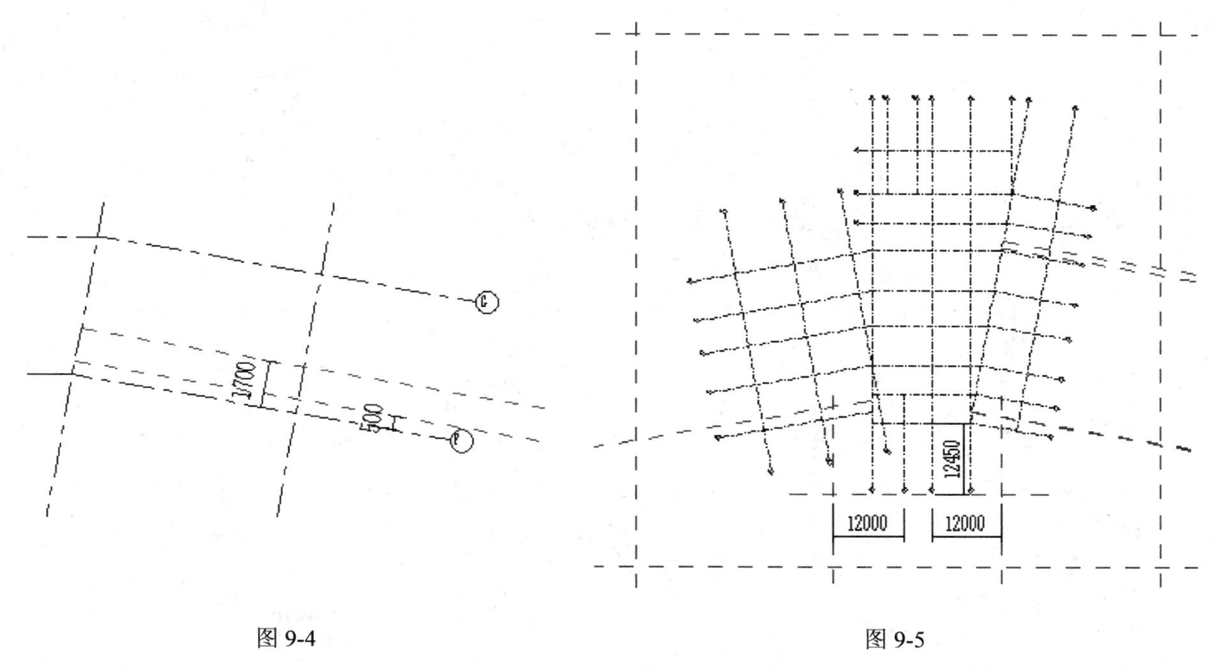

图 9-4　　　　图 9-5

【注意】为便于观察，将参照平面与轴网隔离显示，图中有尺寸标记的为创建楼梯时绘制的参照平面。

9.1.2　创建地形表面

在场地楼层平面视图中，单击“体量和场地”选项卡>“场地建模”面板>（地形表面）按钮，进入地形表面编辑模式。单击“工具”面板（放置点）按钮，在选项栏中输入“绝对高程”为-300，如图 9-6 所示。

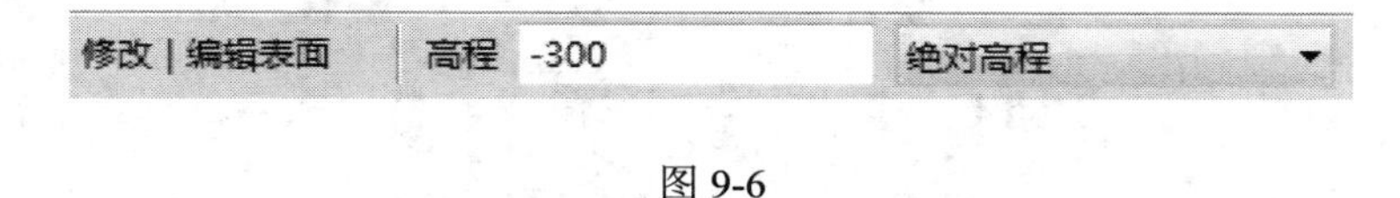

图 9-6

拾取参照平面交点放置高程点，如图 9-7 所示。

输入绝对高程为 1400，拾取参照平面交点继续放置高程点，如图 9-8 所示。

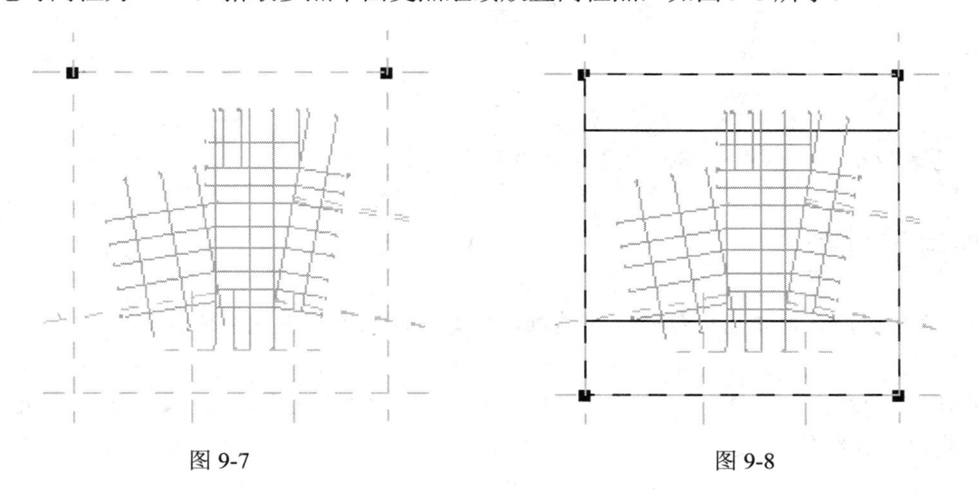

图 9-7　　　　图 9-8

同样，按照所述的方法继续放置其他高程点，如图 9-9 所示。

局部放大示意图效果如图 9-10 所示。

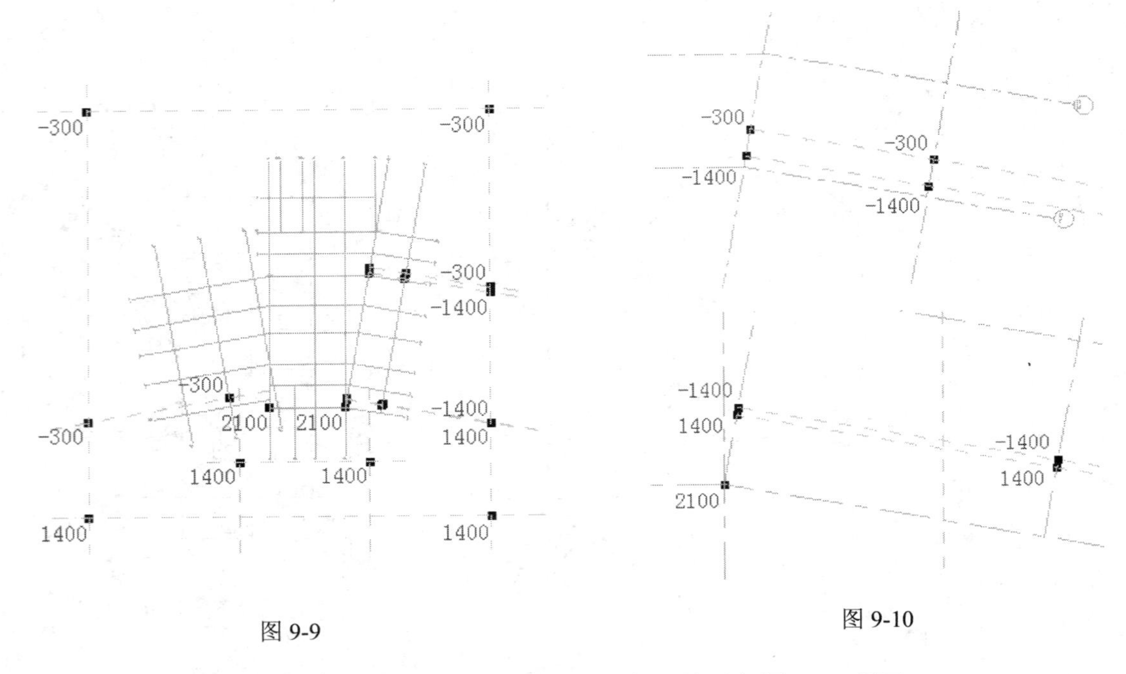

图 9-9

图 9-10

单击完成，完成地形表面的创建。在三维视图中观察，效果如图 9-11 所示。

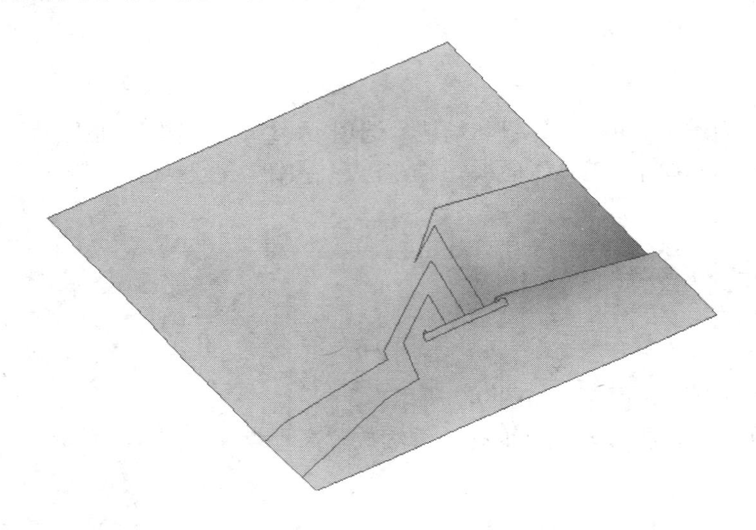

图 9-11

【注意】为方便观察，图中将其他图元临时隐藏了。

9.2 添加建筑地坪

地形表面添加完成之后才可以创建建筑地坪，建筑地坪的创建方法与楼板类似，绘制时可以参考前面章节的内容。

在 1F 楼层平面视图中，单击“体量和场地”选项卡>“场地建模”面板> （建筑地坪）按钮，进入到建筑地坪边界编辑模式。在“属性”选项板中，修改自标高的高度偏移为-2400，如图 9-12 所示。

选择边界线绘制方式为 （拾取线），拾取墙外表面绘制草图，使用“修改“面板 （修剪/延伸为角）工具修改草图线为闭合连接的图形，如图 9-13 所示。单击完成。

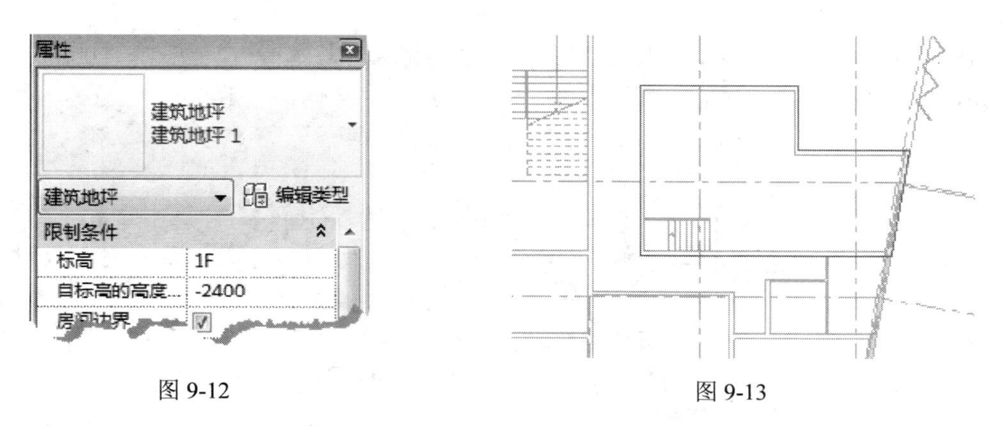

图 9-12　　　　　　　　　　　　　　　　　　图 9-13

同样，继续在 1F 楼层平面视图中拾取墙表面绘制，如图 9-14 所示。限制条件标高为 0F，自标高的高度偏移为 0。

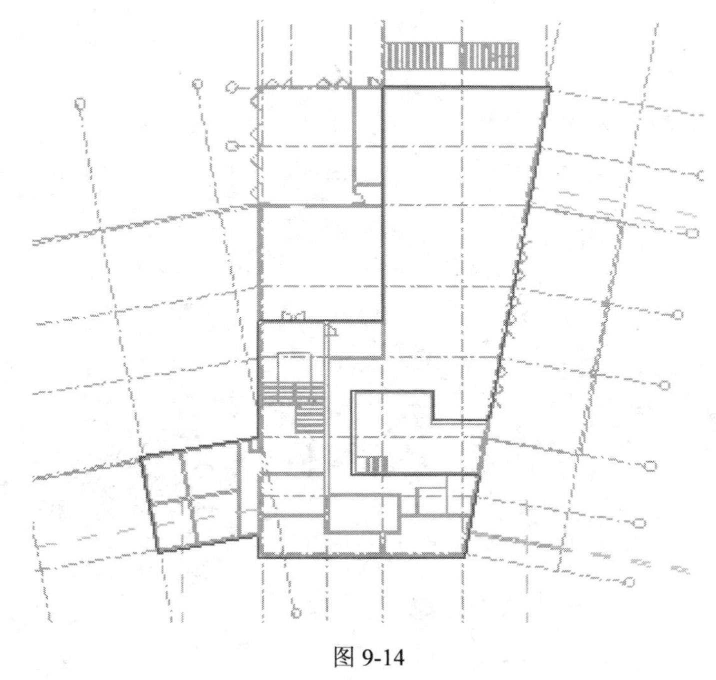

图 9-14

单击完成，完成建筑地坪的创建。在三维视图中观察，效果如图 9-15 所示。

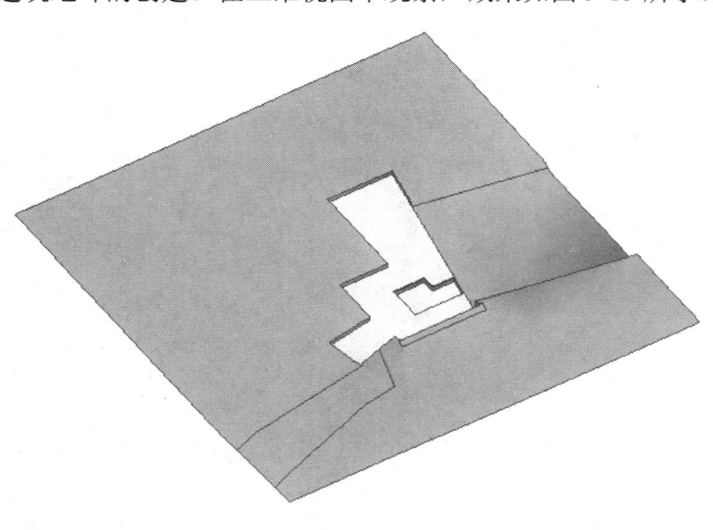

图 9-15

在 1F 楼层平面视图中绘制墙，如图 9-16 所示。墙类型为“基本墙 挡土墙 － 200mm”，底部限制条件为 0F，底部偏移-200，顶部约束为“直到标高：1F，底部偏移为 1600。

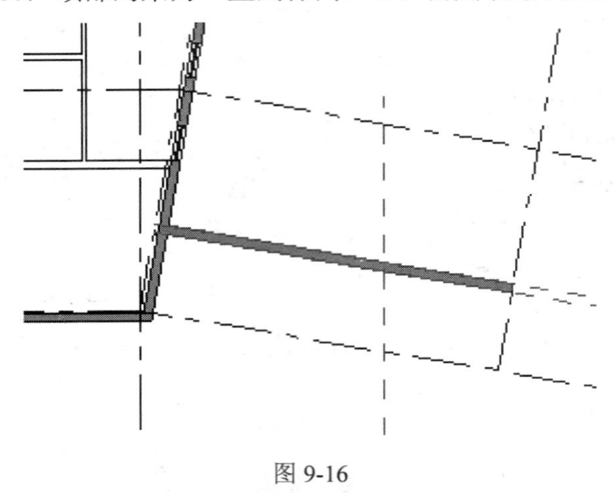

图 9-16

在三维视图中观察，效果如图 9-17 所示。

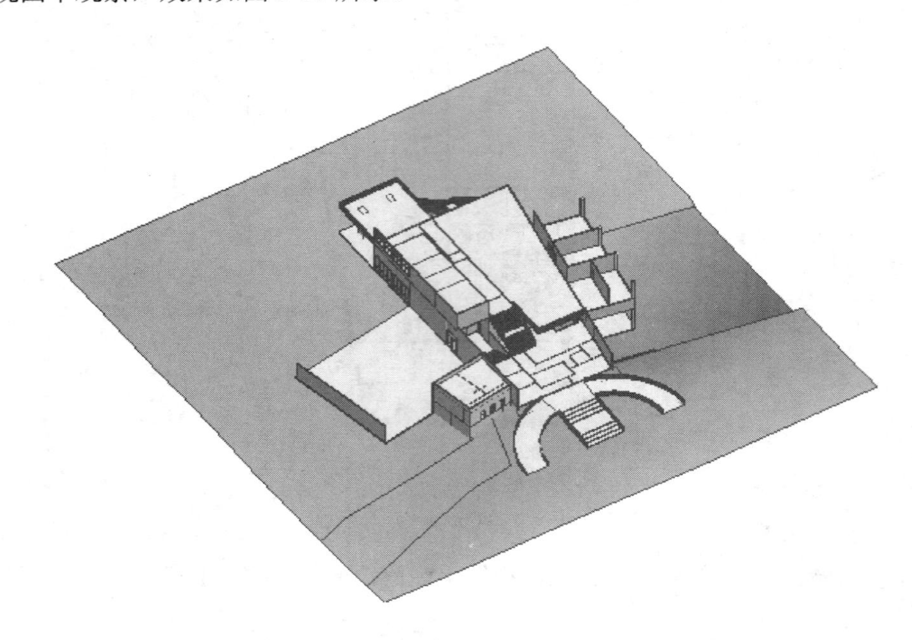

图 9-17

第 10 章　体　量　详　解

Revit Architecture 提供了概念设计环境，可以在族编辑器和项目中创建或操纵体量。这两种体量分别为概念体量和内建体量。在 Revit 项目环境中，可以以这些体量族为基础，通过应用墙、屋顶、楼板和幕墙系统来创建更详细的建筑结构。

10.1　内建体量

本章中的建模工作由工程师 A 创建完成。工程师 A 在开始协同工作之前，需要从中心文件创建本例副本，并选择自己的工作集。

10.1.1　链接 CAD 底图

双击“项目浏览器”>“视图（全部）”>“楼层平面”>1F，进入 1F 楼层平面视图，选择链接的 CAD 底层平面图，在“属性”选项板中将工作集修改为“建筑内部”，如图 10-1 所示。

单击“协作”选项卡>“工作集”面板>（工作集）按钮，弹出“工作集”对话框，如图 10-2 所示。对工作集“建筑内部”取消勾选“在所有视图中可见”复选框，单击“确定”按钮。

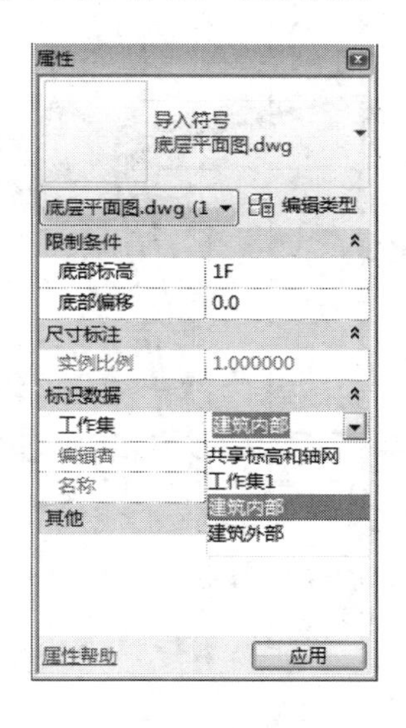

图 10-1

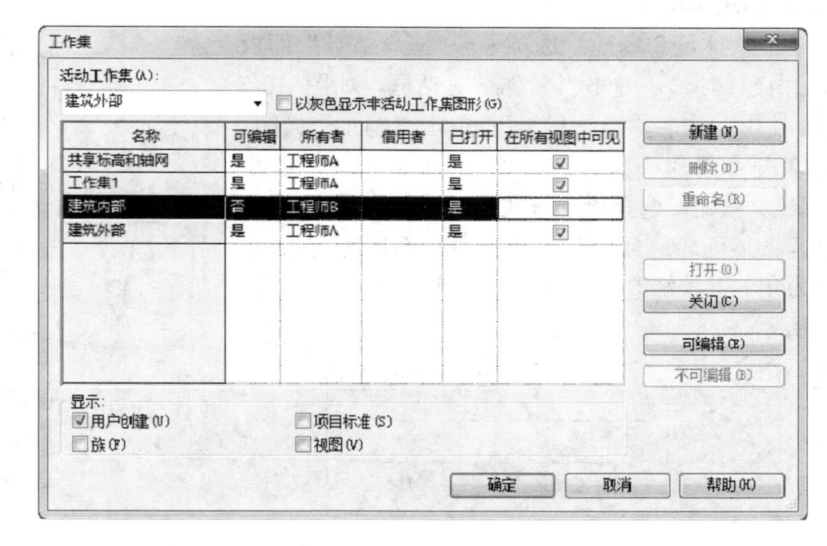

图 10-2

【注意】对工作集取消勾选“在所有视图中可见”复选框，该工作集中内容将在项目中不可见。

单击“插入”选项卡>“链接”面板>“链接 CAD”按钮，弹出“链接 CAD 格式”对话框，如图 10-3 所示。

分别选择“颜色”为“反选”，“图层/标高”为“可见”，“导入单位”为“毫米”，“定位”为“自动-中心到中心”，“放置于”为“标高 1”，勾选“定向到视图”复选框和“纠正稍微偏离轴的线”复选框，选择随书光盘中的“光盘文件/ CAD 文件/屋顶平面图.dwg”文件，单击“打开”按钮，如图 10-4 所示。

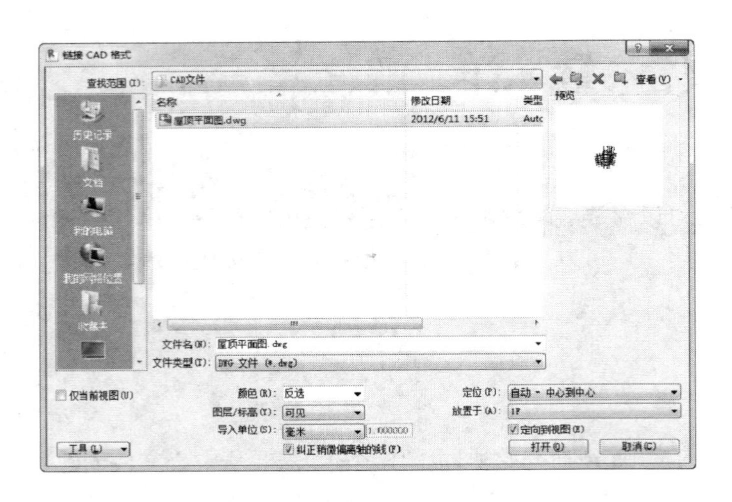

图 10-3

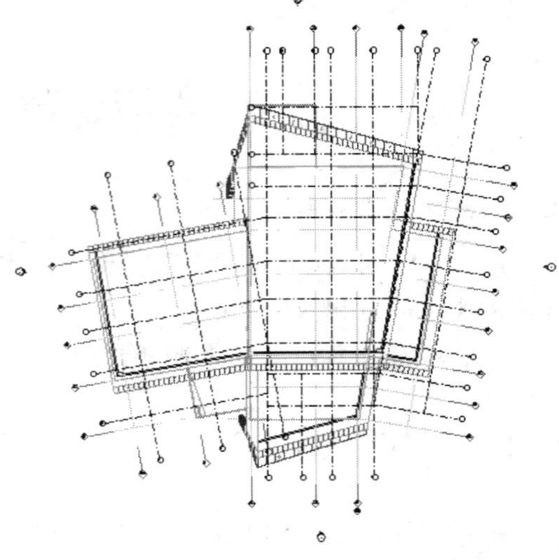

图 10-4

【注意】链接 CAD 文件之前可以先对 CAD 进行简化处理，删除不要的图形和注释。

单击选中的 CAD 屋顶平面图，进入“修改/屋顶平面图.dwg”上下文选项卡，在修改面板中选择（移动）工具，拾取 CAD 图中两轴线交点为起始点，对应的项目轴线交点为终点，将 CAD 图与项目轴网对齐。单击（锁定）按钮将其锁定。

10.1.2　创建体量 1

单击“体量和场地”选项卡>“概念体量”面板>（内建体量），弹出“名称”对话框，如图 10-5 所示。使用默认名称“体量 1”，单击“确定”按钮。

单击“创建”选项卡>“绘制”面板>模型（模型线）按钮，选择绘制方式为（拾取线），拾取绘制四条屋面轮廓线，使用“修改“面板（修剪/延伸为角）工具修改模型线为闭合连接的图形，如图 10-6 所示。

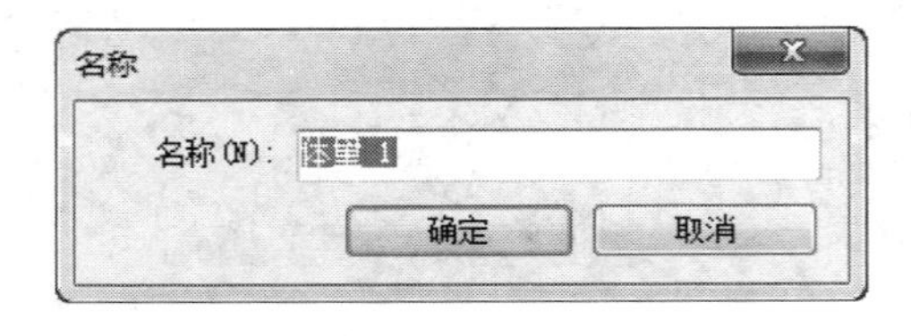

图 10-5

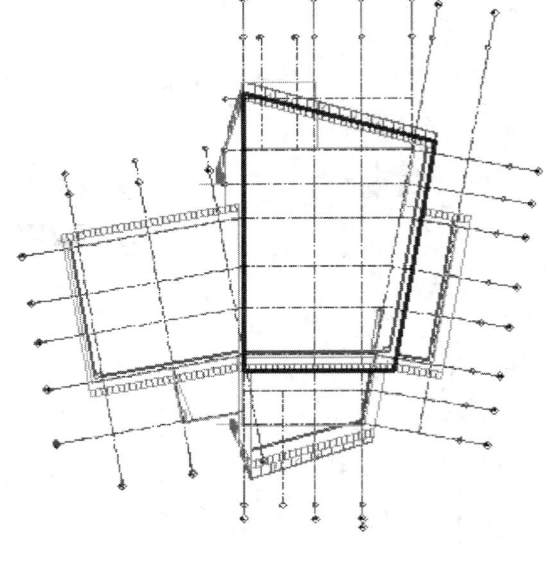

图 10-6

【注意】当多条线段密集在一起时，可以通过 Tab 键进行切换选择。

选中上一步中绘制的轮廓线，进入“修改/线”上下文选项卡，单击“形状”面板>（创建形状），创建拉伸。单击上方“快速访问工具栏”（默认三维视图）按钮进入“3D - 工程师 A”视图，如图 10-7 所示。

单击选中图 10-7 中立方体上表面上方的顶点，修改该点与立方体下表面距离的临时尺寸值为“16512”。按 Enter 键确定，如图 10-8 所示。

【注意】创建拉伸形状的轮廓在±0.000 标高上创建，该步骤中点到下表面的距离即为该点的标高值。

同样，修改上表面左侧和下方顶点与下表面的临时尺寸值分别为 14012、11205。完成后如图 10-9 所示。

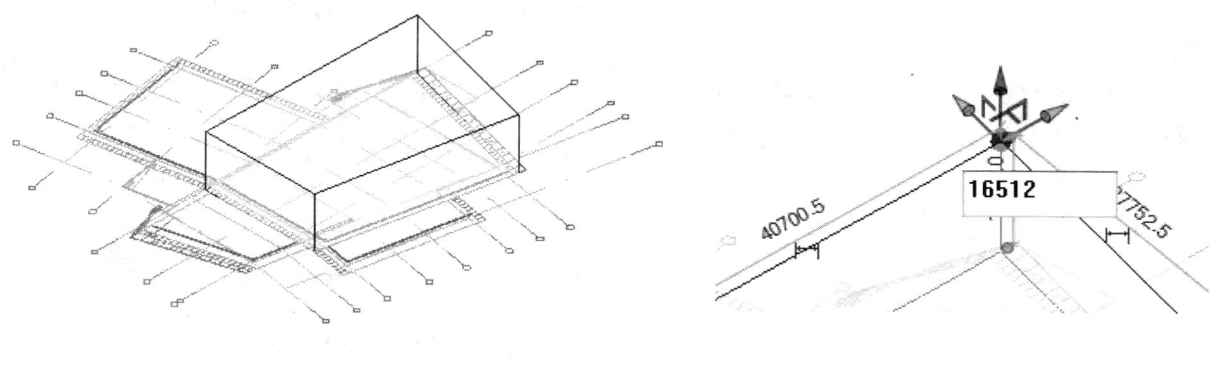

图 10-7　　　　图 10-8

单击“修改”选项卡>“绘制”面板>（模型线）按钮，选择绘制方式为（直线），在选项栏中勾选“三维捕捉”复选框，确认勾选“链”复选框，捕捉之前修改的三个点绘制闭合三角形，如图 10-10 所示。按 Esc 键两次，退出线的绘制。

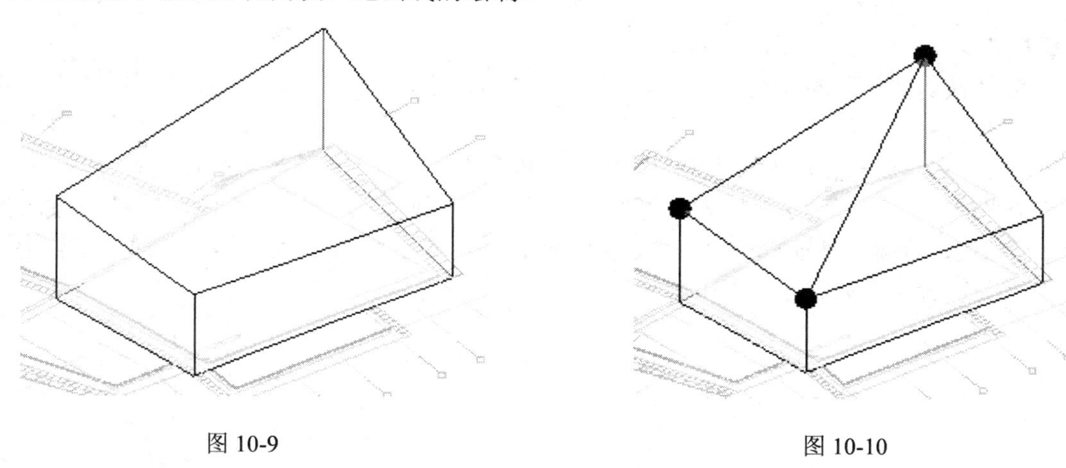

图 10-9　　　　图 10-10

选中上一步中绘制的轮廓线，进入“修改/线“上下文选项卡，单击“形状”面板>（创建形状），创建拉伸，如图 10-11 所示。

选中图 10-11 中所示的面，拖曳坐标箭头将面向右移动，直至超过立方体右侧顶点，如图 10-12 所示。

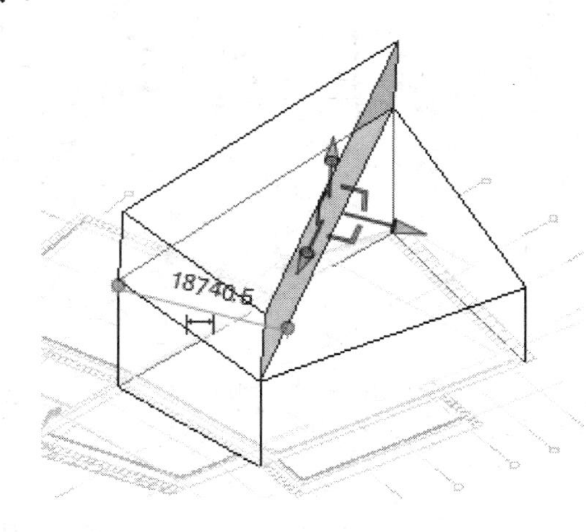

图 10-11　　　　图 10-12

【注意】通过 Tab 键切换来选中所需要的面。

选中立方体上表面右侧的顶点，通过拖曳坐标箭头将点向上移动到三棱柱下表面上方，如图 10-13 所示。

通过 Tab 键切换选中三棱柱，在“属性”选项板中修改“实心/空心”为“空心”，如图 10-14 所示。

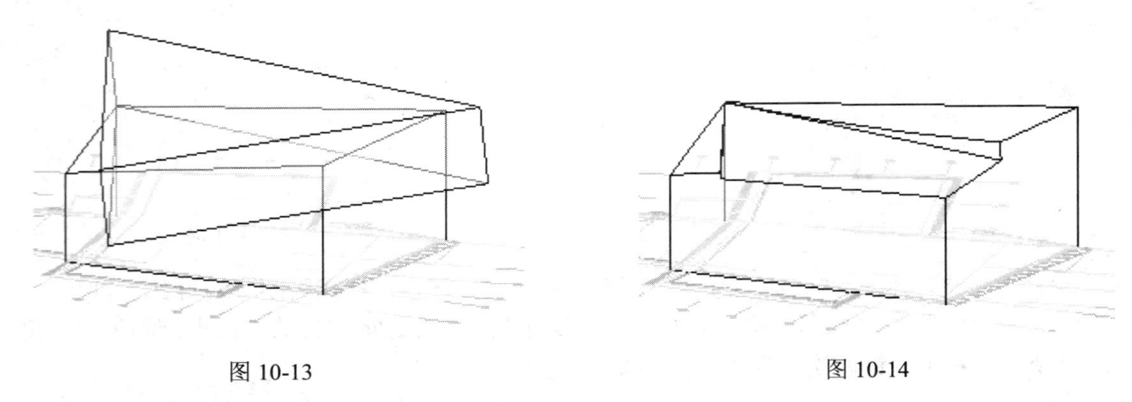

图 10-13　　　　图 10-14

【注意】空心形状会将实心形状剪切。

选中立方体被剪切的角的顶点，将其向下移动捕捉到端点，如图 10-15 所示。选中空心形状删除，完成第一个形状的创建。

【注意】利用空心形状剪切找到共面的第四点，从而让立方体上表面的 4 个顶点共面。

在 1F 楼平面视图中，单击“修改”选项卡>“绘制”面板>（模型线）按钮，选择绘制方式为（拾取线），拾取 1 号轴线和左侧三条屋面轮廓线，使用“修改“面板（修剪/延伸为角）工具修改模型线为闭合连接的图形，如图 10-16 所示。

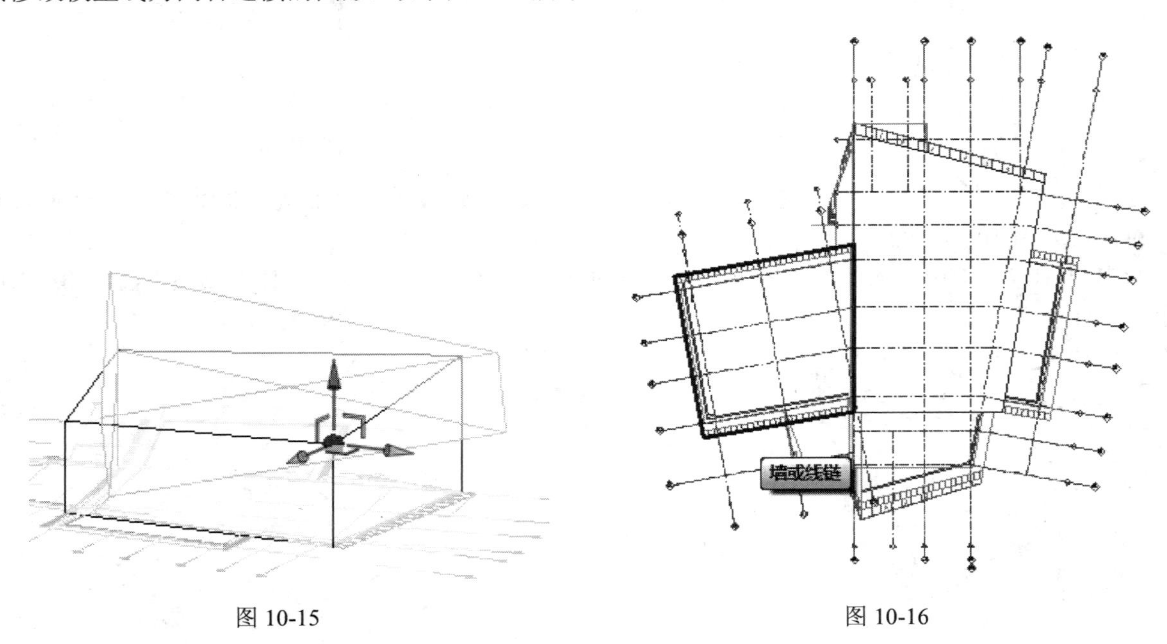

图 10-15　　　　图 10-16

选中上一步中绘制的轮廓线，进入“修改/线“上下文选项卡，单击“形状”面板>（创建形状），创建拉伸。单击 “快速访问工具栏”>（默认三维视图）按钮，进入三维视图，如图 10-17 所示。

分别修改上一步创建的立方体上表面左侧、下方、右侧顶点与下表面的临时尺寸值分别为 8110、7709、11402，按照创建形状 1 中所述的方法修改该表面第四点与其他三点共面，如图 10-18 所示。

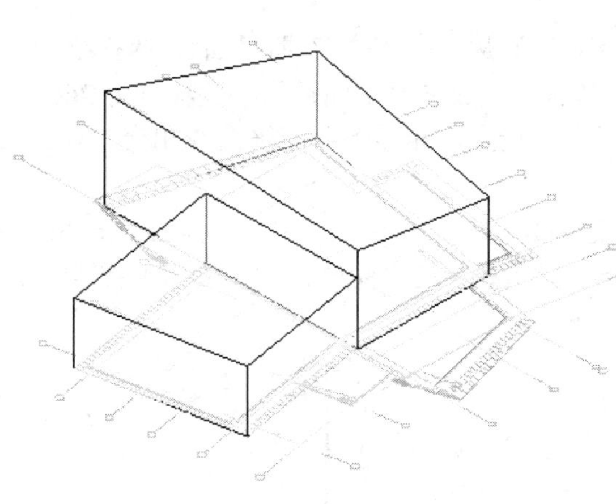

图 10-17

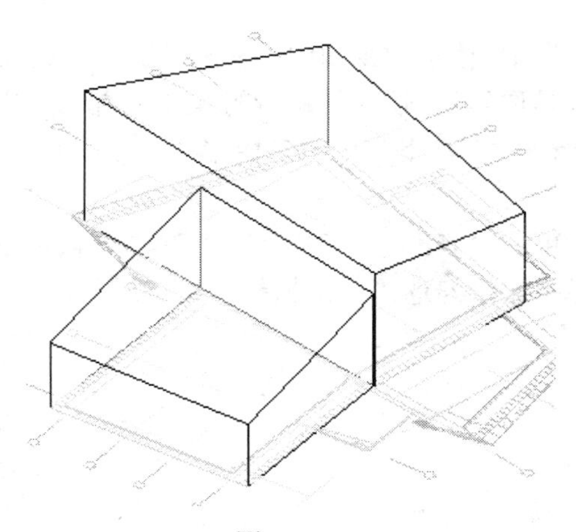

图 10-18

双击“项目浏览器”>“视图(全部)”>“楼层平面”>1F，进入 1F 楼层平面视图，单击“修改”选项卡>“绘制”面板>（平面）（参照平面），选择绘制方式为（直线），在选项栏中修改偏移量为 238，在 1a 号轴上往上绘制，如图 10-19 所示。

单击“快速访问工具栏”>（默认三维视图）按钮，进入三维视图，如图 10-20 所示。选中图中所示顶点。

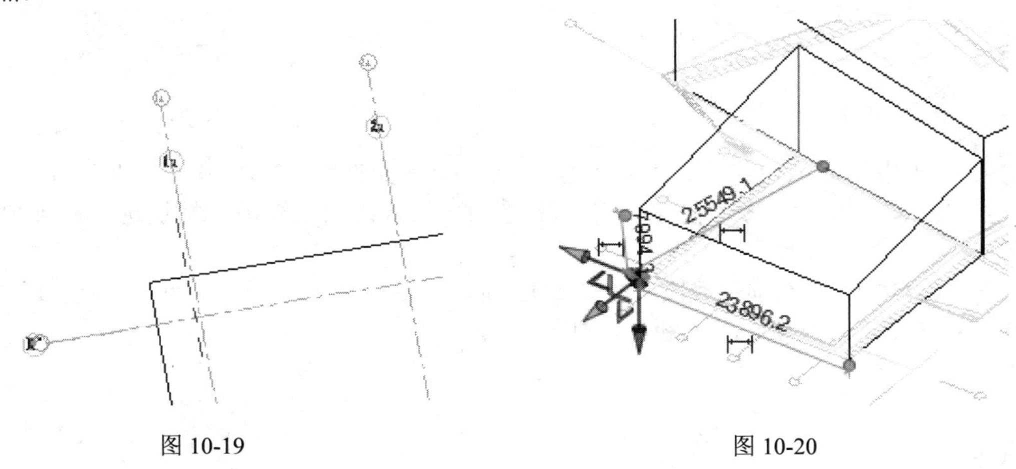

图 10-19　　　　图 10-20

双击“项目浏览器”>“视图（全部）”>“楼层平面”>1F，进入 1F 楼层平面视图，通过拖曳坐标箭头将点移动到与参照平面交点处，如图 10-21 所示。

按照前面所述的方法，移动左侧表面上第四点与其他三点共面，如图 10-22 所示。

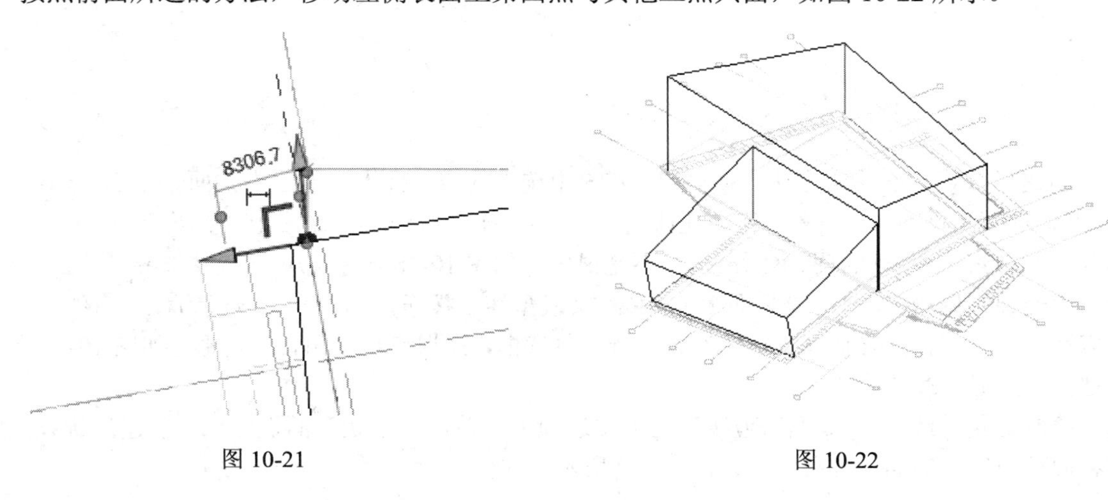

图 10-21　　　　图 10-22

在1F楼平面视图中，单击“修改”选项卡>“绘制”面板> 平面（参照平面），选择绘制方式为（拾取线），输入偏移量为4200，拾取1号轴线在其右侧生成参照平面，修改偏移量为2600，拾取H 号轴线在其下方生成参照平面，水平移动该参照平面左端点，让两条参照平面线相交，如图10-23所示。

单击“修改”选项卡>“绘制”面板> 模型（模型线）按钮，选择绘制方式为（直线），在选项栏中取消勾选“三维捕捉”复选框，确认勾选“链”复选框，绘制轮廓，如图10-24所示。

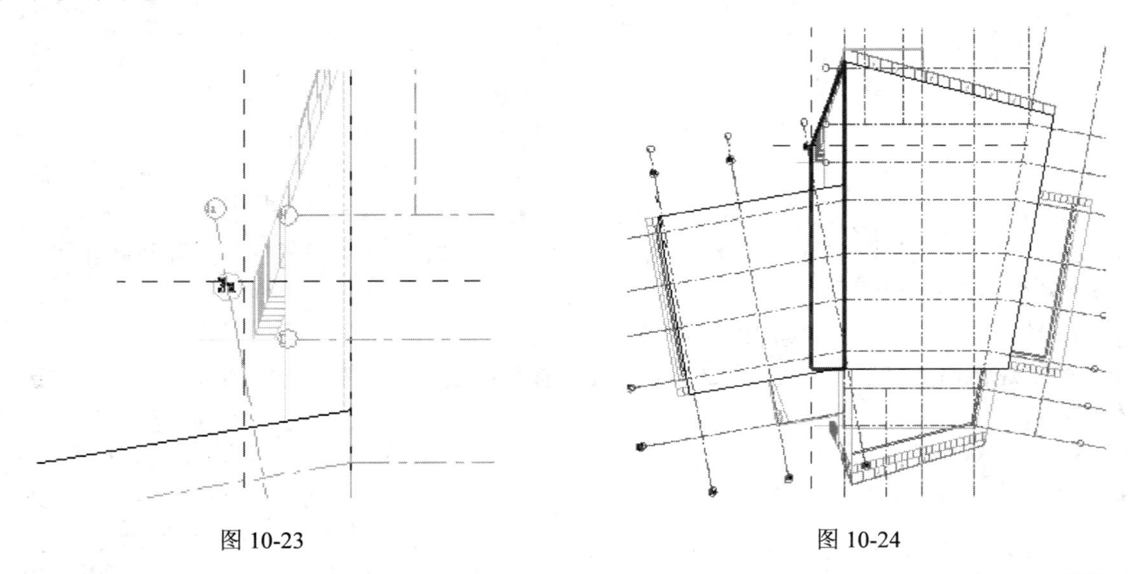

图 10-23　　　　图 10-24

选中上一步中绘制的轮廓线，进入“修改/线“上下文选项卡，单击“形状”面板>（创建形状），创建拉伸。单击上方“快速访问工具栏”（默认三维视图）按钮进入三维视图，如图10-25所示。

选中图10-25中蓝色粗显的线段，按Del键删除，分别选中另外两个顶点，通过坐标箭头向上移动，捕捉到第一个形状上顶点，如图10-26所示。

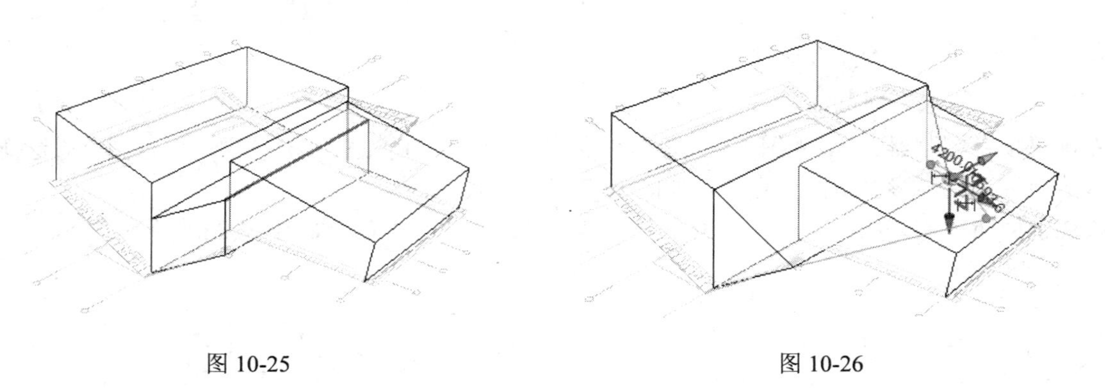

图 10-25　　　　图 10-26

按照创建形状1中所述的方法，移动图10-26中选中的点与面上其他三点共面。单击“修改”选项卡>“几何图形”面板> 连接（连接几何图形），将三个形状连接，如图10-27所示。

局部放大观察，会发现有两个面衔接得不是很好，如图10-28所示。

单击“修改”选项卡>“绘制”面板> 模型（模型线）按钮，选择绘制方式为（直线），在选项栏中勾选“三维捕捉”复选框，确认勾选“链”复选框，捕捉点绘制闭合三角形，如图10-29所示。按Esc键两次，退出线的绘制。

选中绘制的轮廓线，进入“修改/线”上下文选项卡，单击“形状”面板>（创建形状），创建拉伸。将向后拉伸出的面向前移动，如图10-30所示。

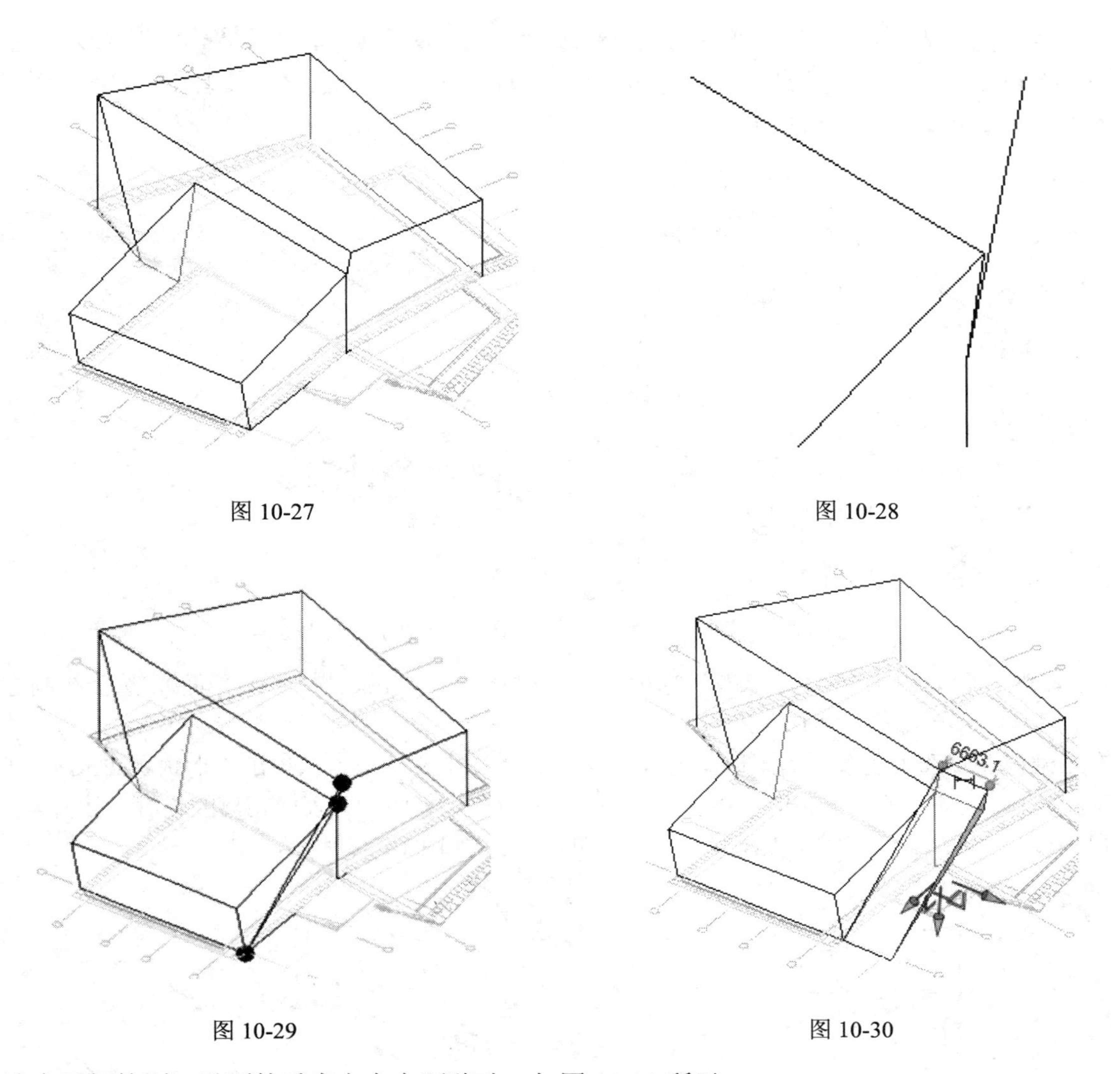

图 10-27　　图 10-28

图 10-29　　图 10-30

选中下部的面，沿面的垂直方向向下移动，如图 10-31 所示。

通过 Tab 键切换选中该形状，在“属性”选项板中修改“实心/空心”为“空心”，如图 10-32 所示。

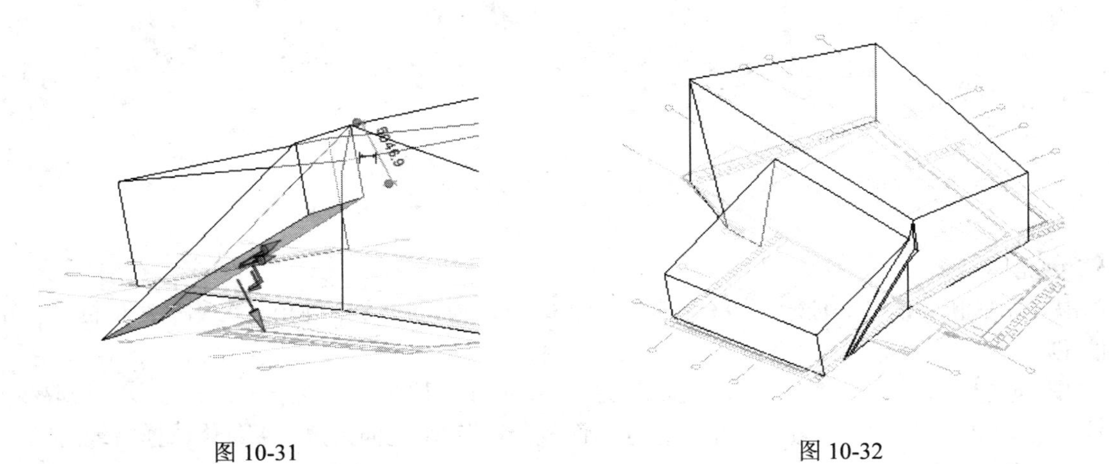

图 10-31　　图 10-32

在 1F 楼层平面视图中，单击“修改”选项卡>“绘制”面板> 平面（参照平面），选择绘制方式为（矩形），绘制矩形，如图 10-33 所示。

在三维视图中选中刚绘制的矩形，进入“修改/线“上下文选项卡，单击“形状”面板>“创建形状”下拉菜单> （空心形状），创建空心拉伸，如图 10-34 所示。修改其上表面与下表面距离的临时尺寸值为 3100，在空白处单击。

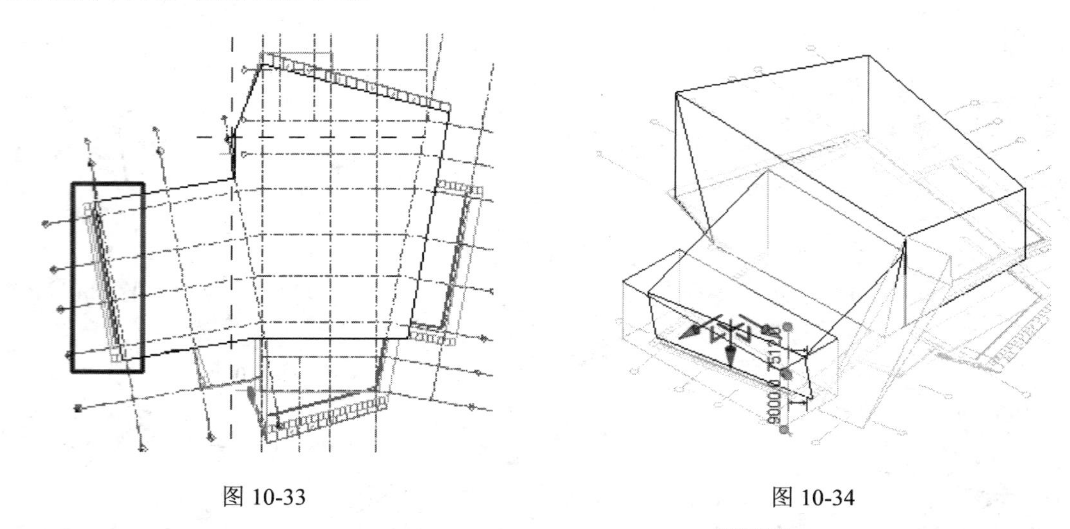

图 10-33　　　　图 10-34

在 1F 楼平面视图中，单击“修改”选项卡>“绘制”面板> （参照平面），选择绘制方式为 （矩形），绘制矩形，如图 10-35 所示。

在三维视图中选中刚绘制的矩形，进入“修改/线“上下文选项卡，单击“形状”面板>“创建形状”下拉菜单> （空心形状），创建空心拉伸，修改其上表面与下表面距离的临时尺寸值为 7600，在空白处单击。单击“完成”按钮，完成体量 1 的创建，如图 10-36 所示。

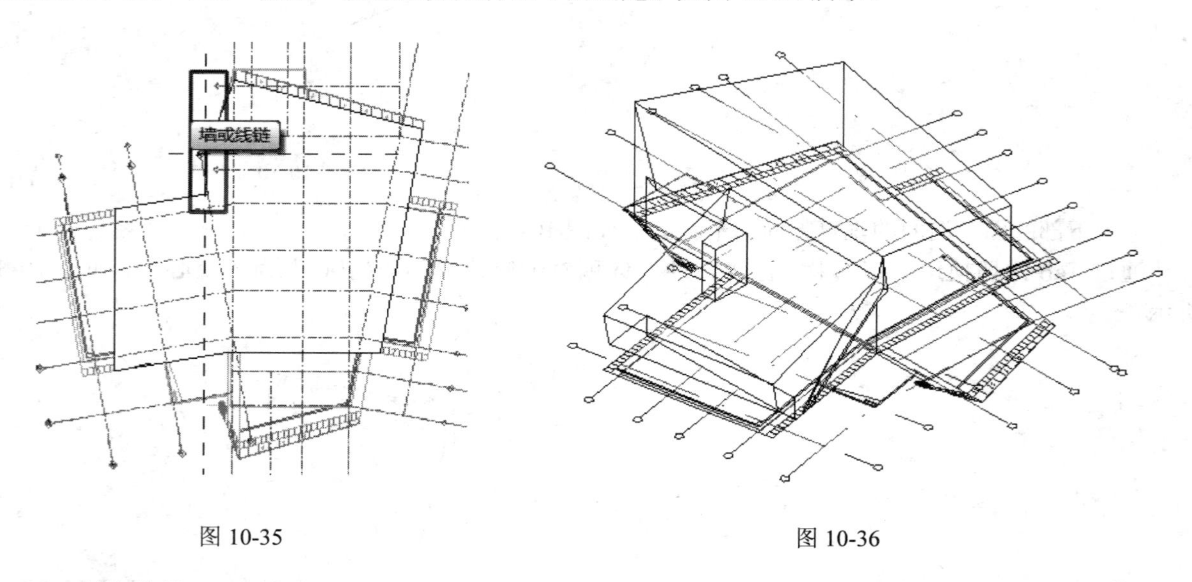

图 10-35　　　　图 10-36

10.1.3　创建体量 2

单击“体量和场地”选项卡>“概念体量”面板> （内建体量），弹出“名称”对话框，单击“确定”按钮。

单击“创建”选项卡>“绘制”面板> （模型线）按钮，选择绘制方式为 （拾取线），拾取 6 号、C 号轴线及屋面轮廓线，使用“修改”面板 （修剪/延伸为角）工具修改模型线为闭合连接的图形，如图 10-37 所示。

选中上一步中绘制的轮廓线，进入“修改/线“上下文选项卡，单击“形状”面板> （创建形状），创建拉伸。进入三维视图观察，效果如图 10-38 所示。

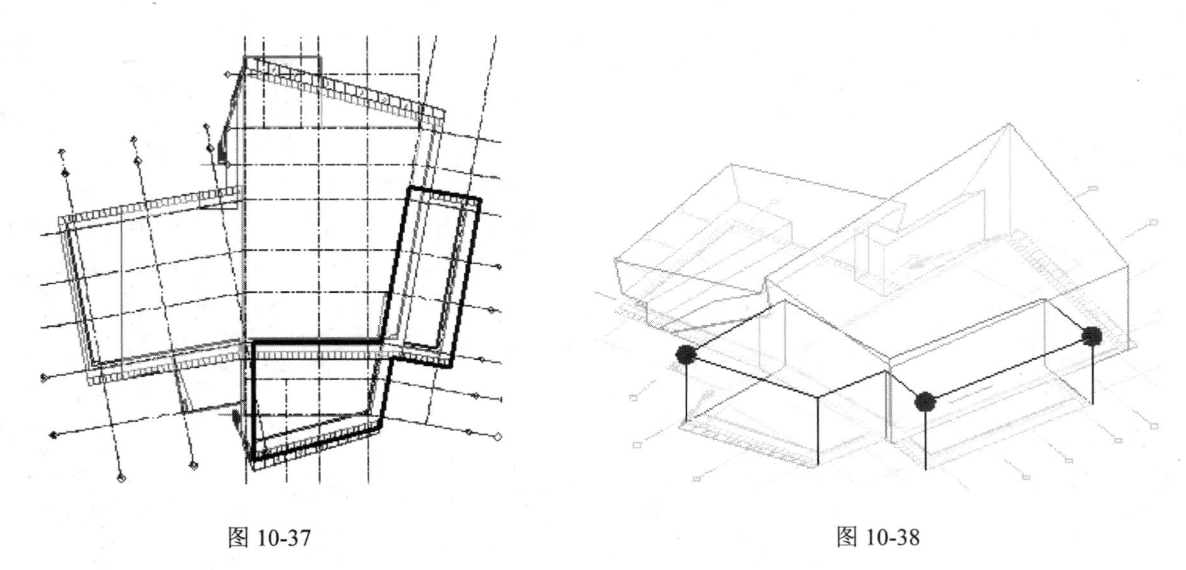

图 10-37　　　　　　　　　　　　　　　　　　　图 10-38

分别修改图 10-38 中所示的点与下表面距离的临时尺寸值从左往右依次为 11536、8664、9536，如图 10-39 所示。按创建形状 1 中所述的方法，移动上表面剩余的点与该三点共面。

【注意】图 10-39 中为临时隔离显示，当视图中图元较多时，可以通过下方“视图控制栏”中（临时隐藏/隔离）按钮将图元隔离显示。

在 1F 楼平面视图中，单击“修改”选项卡>“绘制”面板>（参照平面），选择绘制方式为（直线），分别在 1 号轴线左侧与 A 号轴线下方绘制两个参照平面，分别修改其距两条轴线距离的临时尺寸值为 1910、600，如图 10-40 所示。

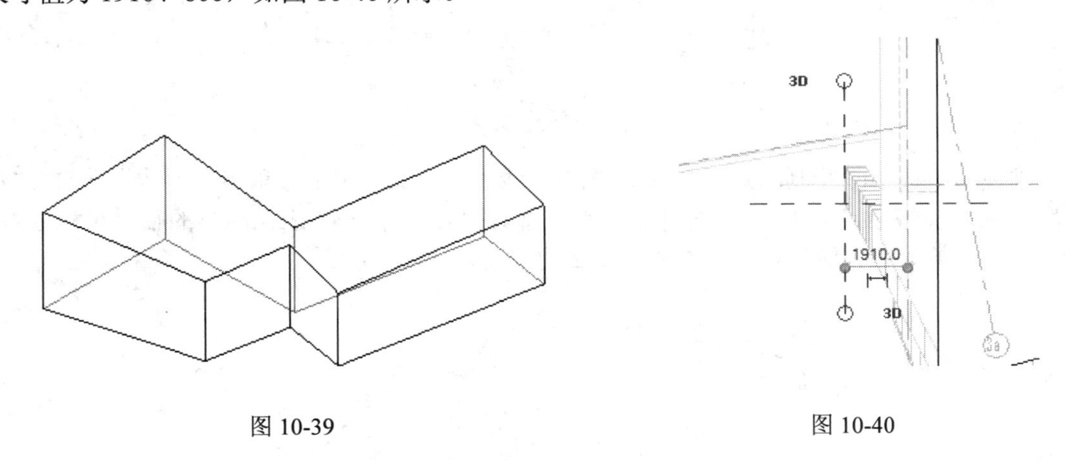

图 10-39　　　　　　　　　　　　　　　　　　　图 10-40

单击“修改”选项卡>“绘制”面板>（模型线）按钮，选择绘制方式为（直线），在选项栏中取消勾选“三维捕捉”复选框，确认勾选“链”复选框，绘制轮廓，如图 10-41 所示。

选中上一步中绘制的轮廓线，进入“修改/线“上下文选项卡，单击“形状”面板>（创建形状），创建拉伸。单击 “快速访问工具栏”>（默认三维视图）按钮，进入三维视图，效果如图 10-42 所示。

删除图 10-42 中蓝色粗显的线段，再分别将另外两个顶点通过坐标箭头向上移动，捕捉到第一个形状上顶点，如图 10-43 所示。

按照前面所述的方法，移动图 10-43 中选中的点与面上其他三点共面。单击“修改”选项卡>“几何图形”面板>（连接几何图形），将两个形状连接。

在 1F 楼平面视图中，单击“修改”选项卡>“绘制”面板>（参照平面），选择绘制方式为（矩形），绘制矩形，如图 10-44 所示。

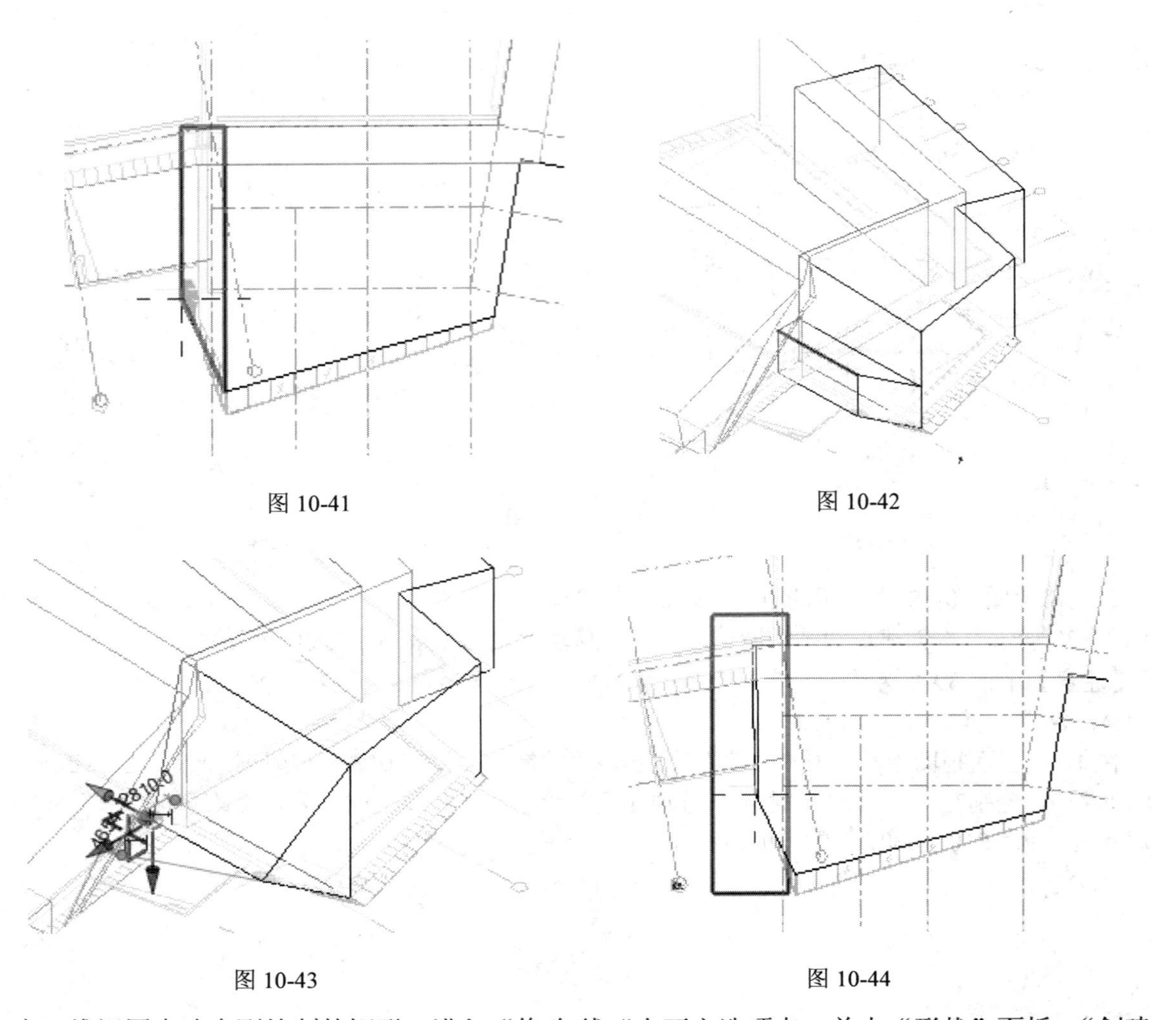

图 10-41　　图 10-42

图 10-43　　图 10-44

在三维视图中选中刚绘制的矩形，进入“修改/线“上下文选项卡，单击“形状”面板>“创建形状”下拉菜单> 空心形状（空心形状），创建空心拉伸，修改其上表面与下表面距离的临时尺寸值为 6300，在空白处单击。单击“完成”按钮，完成体量 2 的创建，如图 10-45 所示。

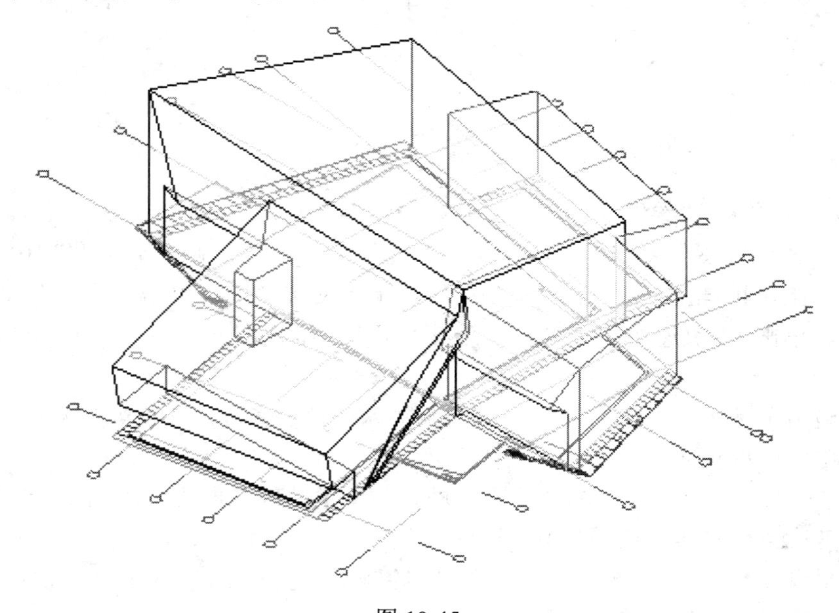

图 10-45

10.2　创建屋顶

完成体量后，可以通过面模型工具，基于体量上的面来创建构件，本章中内建体量是为了创建异型屋顶，在体量的创建过程中主要考虑用来创建屋顶的面。

10.2.1　创建体量屋顶

在三维视图中，单击“体量和场地”选项卡>“面模型”面板>（面屋顶），进入“修改/放置面屋顶”选项卡，在“属性”选项板中，选择屋顶类型为“基本屋顶 常规 - 400mm”，如图 10-46 所示。

单击“修改/放置面屋顶”选项卡>“多重选择”面板>（选择多个），在体量上单击选择所需要的面，如图 10-47 所示。单击（创建屋顶）按钮，完成“屋顶 1”的创建。

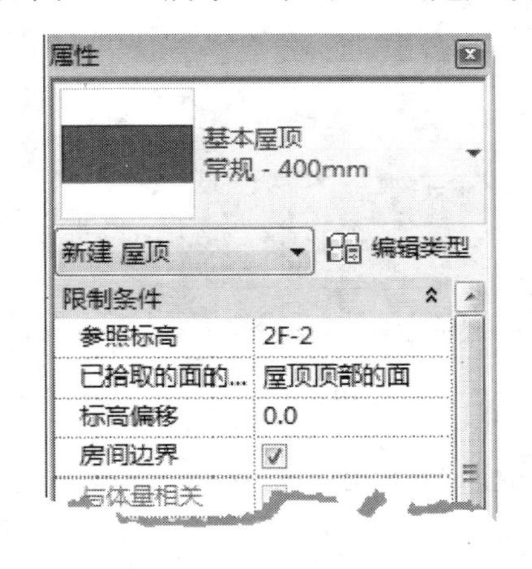

图 10-46

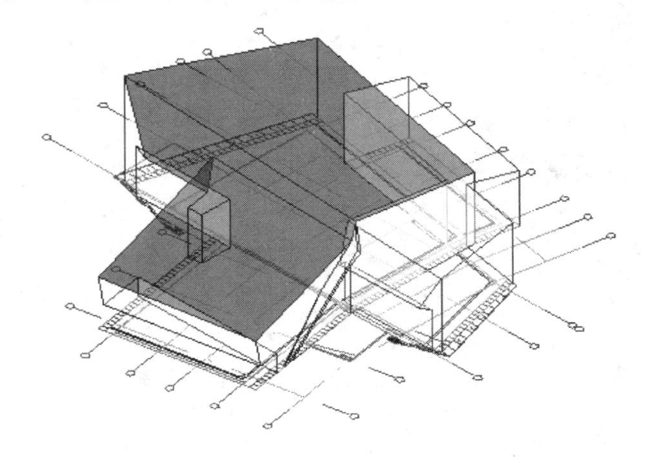

图 10-47

同样，完成“屋顶 2”的创建。在下方“视图控制栏”中单击（视觉样式）按钮，修改为显示样式为“着色”，如图 10-48 所示。

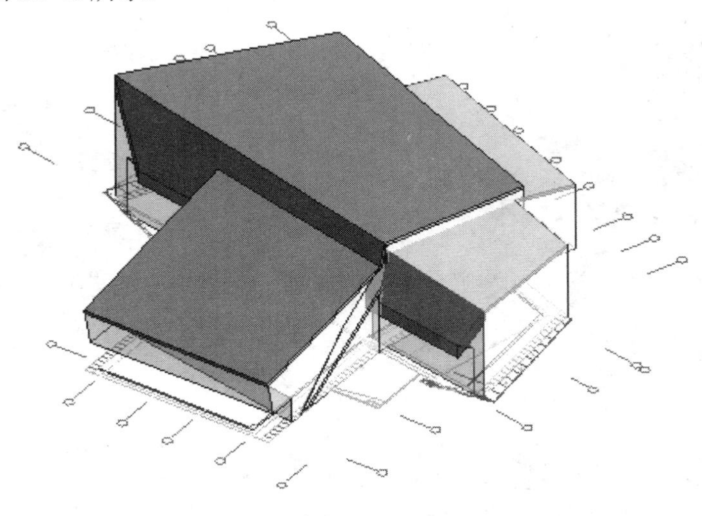

图 10-48

单击“体量和场地”选项卡>“面模型”面板>（面墙），进入“修改/放置 墙”选项卡，在“属性”选项板中，确认墙类型为“基本墙 常规 - 200mm”，单击“编辑类型”案例，弹出“类型属性”对话框，如图 10-49 所示。单击“复制”按钮，修改名称为“常规 - 400mm”，单击“确定”按钮。

在“构造”面板结构栏中单击“编辑”按钮，进入“编辑部件”对话框，如图 10-50 所示。修改层 2 材质为“默认屋顶”、厚度为 400，两次单击“确定”按钮，完成新的墙类型的创建。

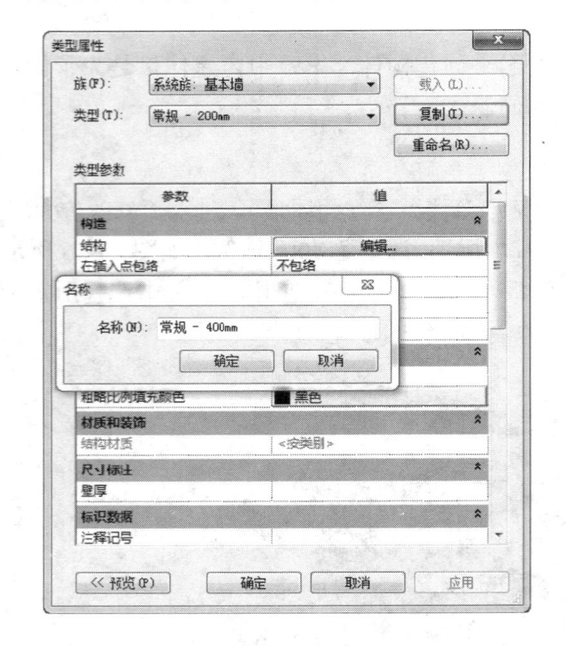

图 10-49

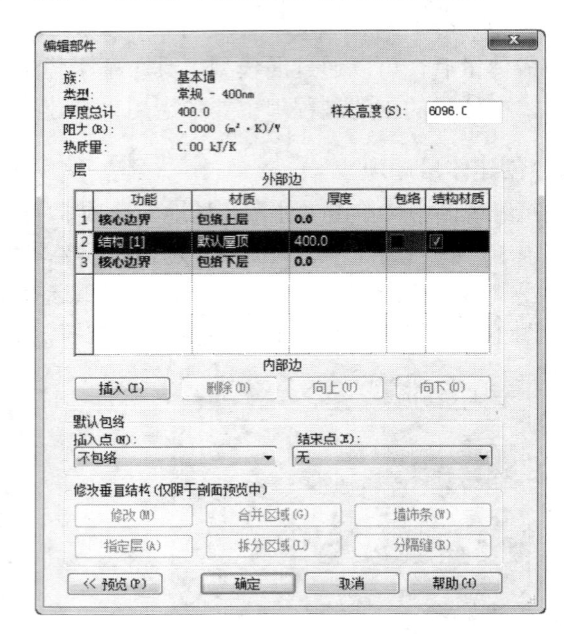

图 10-50

选择绘制方式为（拾取面），单击拾取体量上的面，创建面墙，如图 10-51 所示。

10.2.2 修改屋顶

单击“修改/放置面屋顶”选项卡>“多重选择”面板>“选择多个”，在体量上单击选择所需要的面，单击“创建屋顶”按钮，完成“屋顶 3”的创建，如图 10-52 所示。

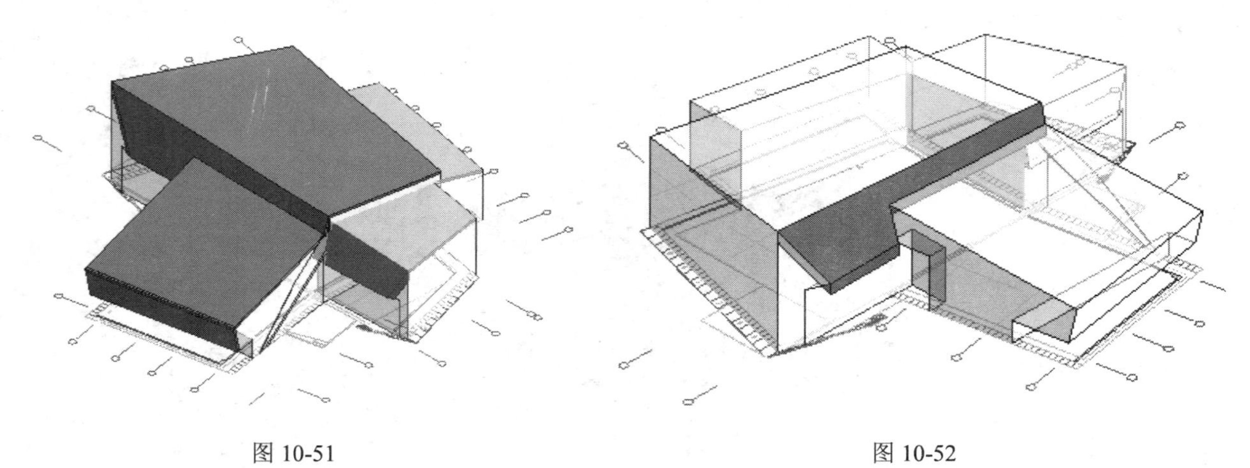

图 10-51　　　　图 10-52

【注意】为便于观察，图 10-52 中将其他屋顶已临时隐藏。

单击选择“屋顶 3”，通过拖曳造型操纵柄来修改屋顶，如图 10-53 所示。

在“属性”选项板中修改椽截面为“垂直双截面”，确定封檐带深度为 0.0，单击“应用”按钮，如图 10-54 所示。

同样，修改屋顶 1 和屋顶 2 的椽截面，如图 10-55 所示。

单击“修改”选项卡>“几何图形”面板> 连接（连接几何图形），分别在屋顶 1 和屋顶 3 上单击，将两个屋顶连接。选择一个体量，右击>在视图中隐藏>类别，将所有体量隐藏，如图 10-56 所示。

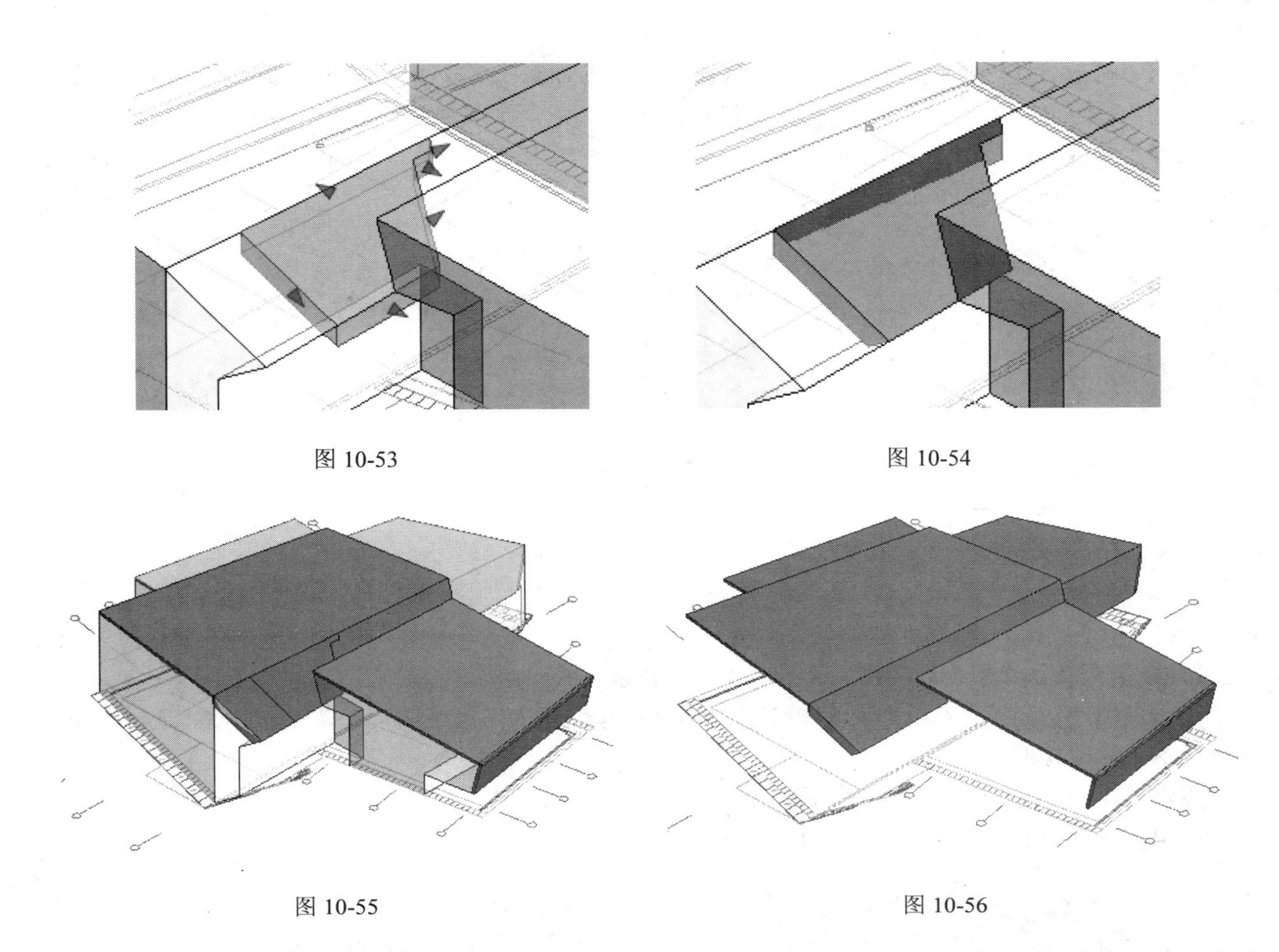

图 10-53　　图 10-54

图 10-55　　图 10-56

进入西立面视图，单击“建筑”选项卡>“构件”面板>“构件”下拉列表>“内建模型”。在弹出的“族类别和族参数”对话框中选择族类别为“常规模型”，如图 10-57 所示。单击“确定”按钮，弹出“名称”对话框，使用默认名称“常规模型 1”，再次单击“确定”按钮。

单击“创建”选项卡>“形状”面板>“空心形状”下拉列表> 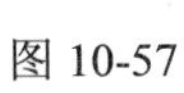（空心拉伸），弹出“工作平面”对话框，如图 10-58 所示。选择指定方式为“名称”，选择“轴网 1”，单击“确定”按钮。

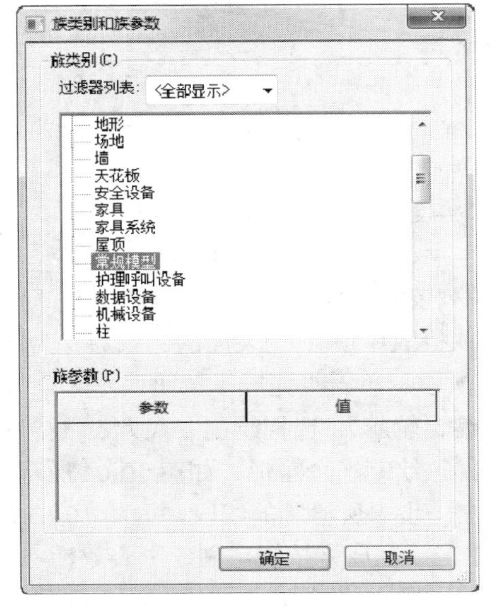

图 10-57

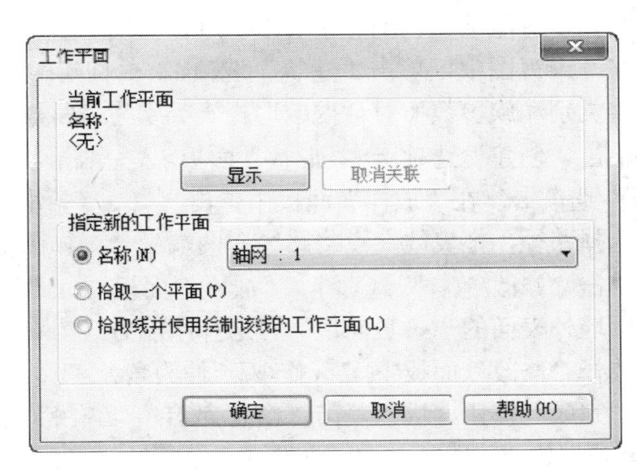

图 10-58

进入“修改/创建空心拉伸”选项卡，选择绘制方式为（拾取线），拾取绘制一段直线。再选择绘制方式为（矩形），绘制一个矩形，如图 10-59 所示。

选择“修改”面板中（修剪/延伸为角）工具，编辑上一步中所绘制的线段，如图 10-60 所示。单击“完成”按钮，创建空心拉伸。

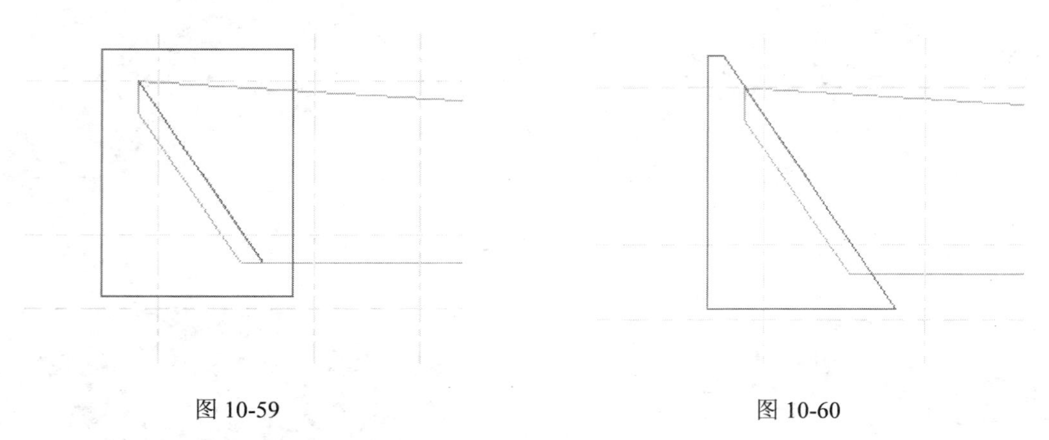

图 10-59　　　　图 10-60

【注意】线必须在闭合的环内，修剪后多余的线条应将其删除。

单击“快速访问工具栏”> （默认三维视图）按钮进入三维视图，选择空心形状，通过拖曳三角操纵柄来修改拉伸，如图 10-61 所示。

单击“修改”选项卡>“几何图形”面板> 剪切（剪切几何图形），先后在屋顶 1 和空心形状上单击，单击“完成模型”按钮，如图 10-62 所示。

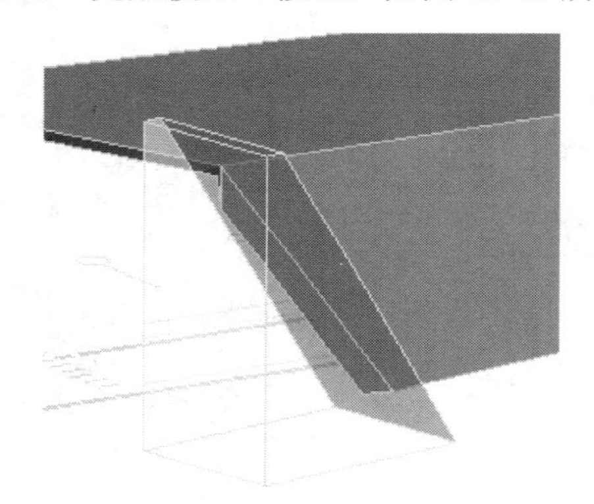

图 10-61

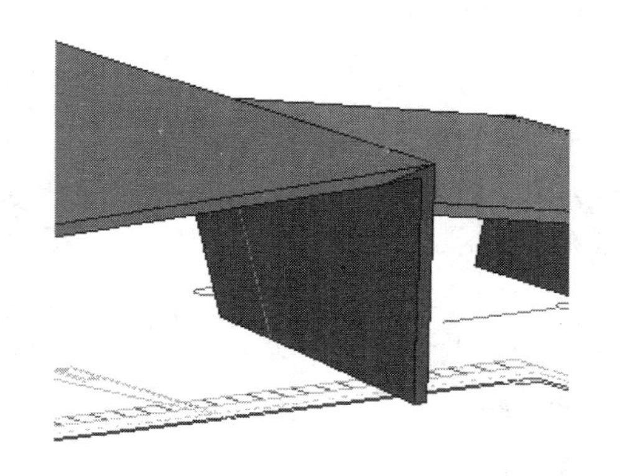

图 10-62

同样，对屋顶 2 也创建空心形状进行剪切。

在三维视图中，单击“建筑”选项卡>“构建”面板>“构建”下拉列表>“内建模型”。在弹出的“族类别和族参数”对话框中选择族类别为“常规模型”，双击“确定”按钮。

单击“创建”选项卡>“形状”面板>“空心形状”下拉列表> 空心放样（空心放样），进入“修改/放样”选项卡，在“放样”面板中单击拾取路径（拾取路径），拾取屋顶 1 上表面的一条边作为放样路径，选择路径，拖曳线端点将路径向两端延长，如图 10-63 所示。单击“完成”按钮。

单击“修改/放样”选项卡>“放样”面板> 编辑轮廓（编辑轮廓），选择绘制方式为（拾取线），拾取面墙外表面的一条竖向边。再选择绘制方式为（矩形），绘制一个矩形，如图 10-64 所示。

选择“修改”面板中（修剪/延伸为角）工具，编辑上一步中所绘制的线段，如图 10-65 所示。单击“完成”按钮，进入单击“修改/放样”选项卡，再次单击“完成”按钮，创建空心放样。

单击“修改”选项卡>“几何图形”面板> 剪切（剪切几何图形），先后在“屋顶 1”和空心形状上单击，单击“完成模型”按钮。选择连接（连接几何图形）工具，将“屋顶 1”与面墙连接，如图 10-66 所示。

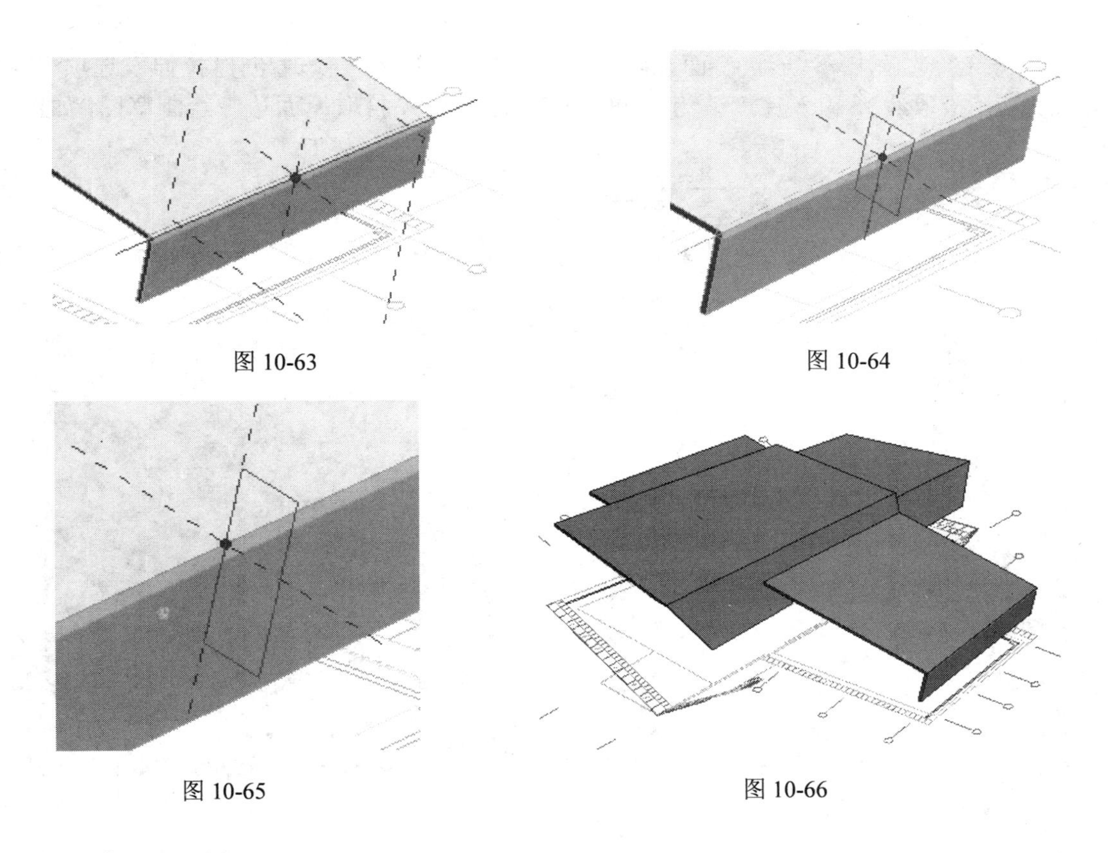

图 10-63　　图 10-64

图 10-65　　图 10-66

10.3　创建异型柱

10.3.1　创建斜柱（一）

单击“建筑”选项卡>“工作平面”面板>（显示工作平面），将工作平面在视图中显示。

单击“建筑”选项卡>“工作平面”面板>（设置工作平面），弹出“工作平面”对话框，如图 10-67 所示。

选择“拾取一个平面”单选按钮，单击“确定”按钮，在“屋顶 1”斜屋面上单击，如图 10-68 所示。

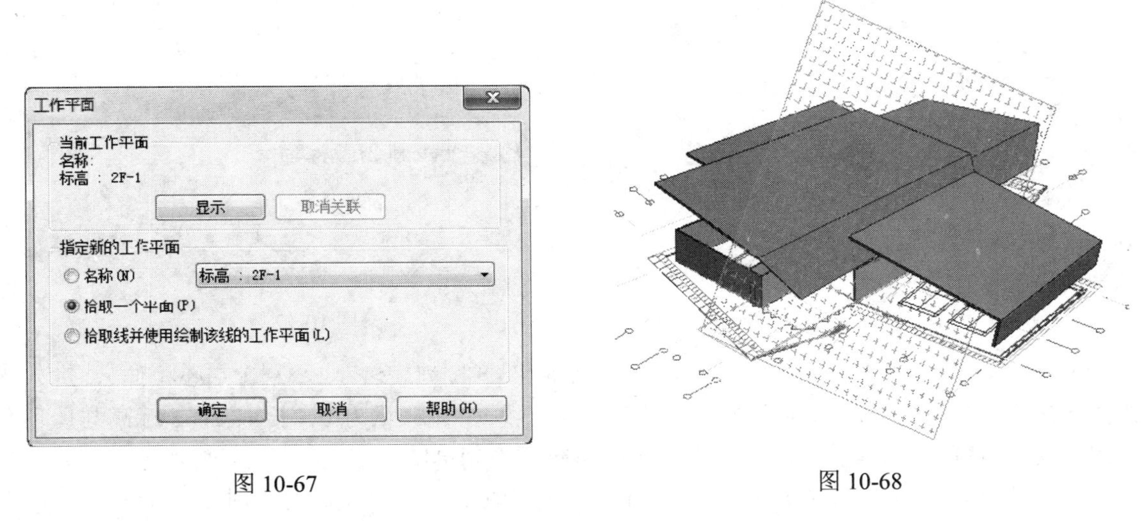

图 10-67　　图 10-68

单击“建筑”选项卡>“构建”面板>“构建”下拉列表>“内建模型”。在弹出的“族类别和族参数”对话框中选择族类别为“柱”，如图 10-69 所示。单击“确定”按钮，弹出“名称”对话框，使用默认名称“柱 1”，再次单击“确定”按钮。

单击“建筑”选项卡>“形状”面板>“实心拉伸”，进入“修改/创建拉伸”选项卡，选择绘制方式为（拾取线），输入深度值为-1200，偏移量为 500，拾取屋面边缘绘制草图，如图 10-70 所示。

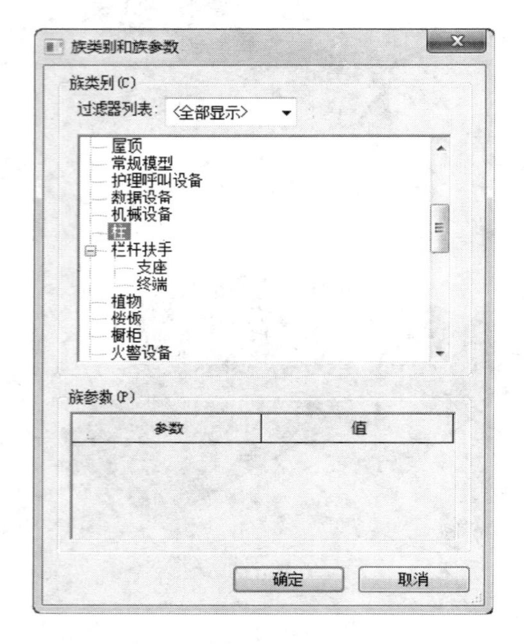

图 10-69

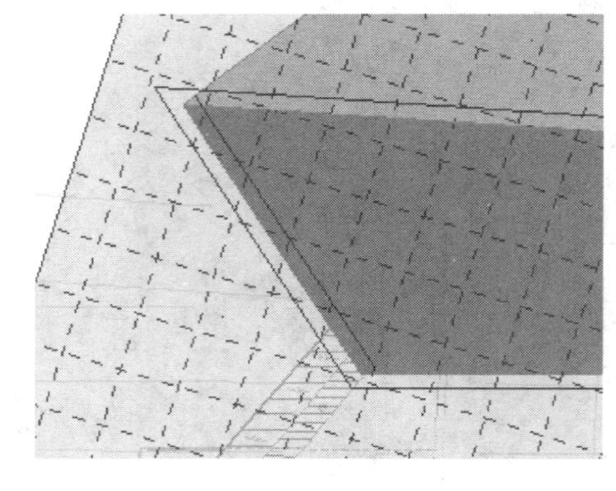

图 10-70

使用“修改”面板（修剪/延伸为角）工具修改草图线为闭合连接的图形，移动左侧和下方草图线，如图 10-71 所示。单击“完成”按钮，创建拉伸。

在西立面视图中，单击“建筑”选项卡>“工作平面”面板>（设置工作平面），弹出“工作平面”对话框，如图 10-72 所示。选中“名称”单选按钮，选择“轴网：1”，单击“确定”按钮。

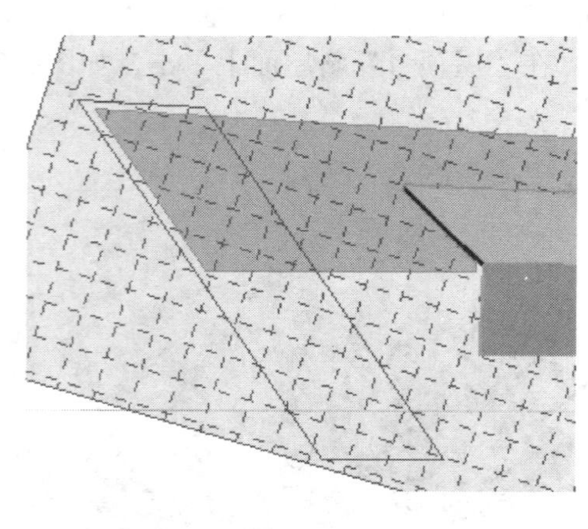

图 10-71

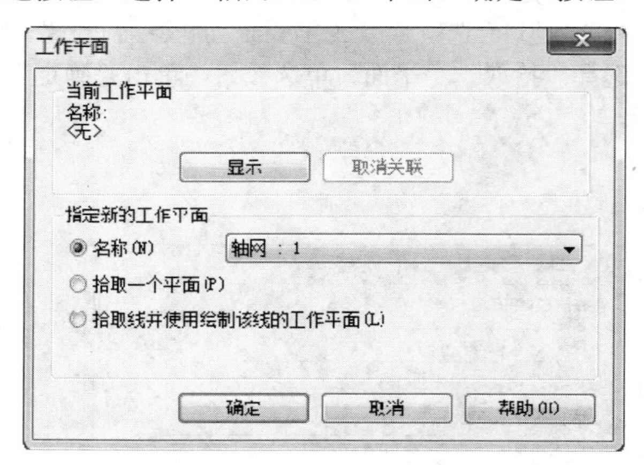

图 10-72

单击“创建”选项卡>“形状”面板>“空心形状”下拉列表>（空心拉伸），进入“修改/创建空心拉伸”选项卡，选择绘制方式为（拾取线），偏移量为 0，拾取 2F-2 标高与屋顶左侧轮廓绘制草图，修改偏移量为 500，拾取 1F 标高向下绘制草图，使用（修剪/延伸为角）工具修改线为连接的图形。通过选中草图线修改临时尺寸值修改上下草图线长度分别为 5135、2310，如图 10-73 所示。

选择绘制方式为（直线），拾取上一步中上下线段右端点绘制直线。选择绘制方式为（矩形），绘制矩形，如图 10-74 所示。

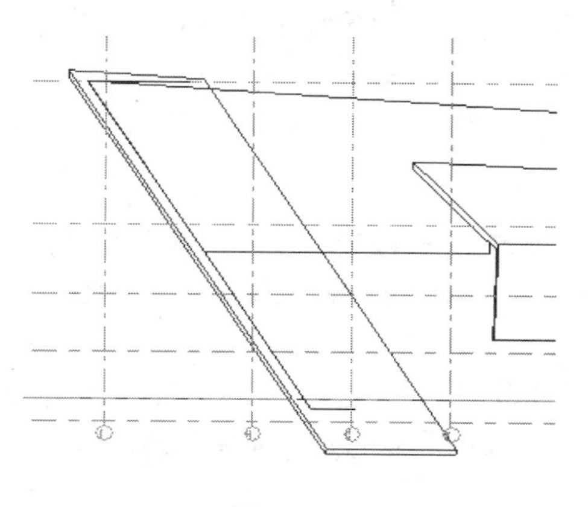

图 10-73

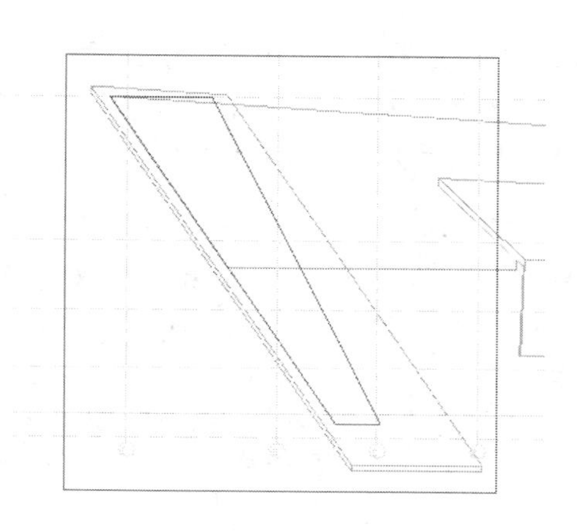

图 10-74

在三维视图中单击完成，创建空心拉伸，通过拖曳造型操纵柄来修改拉伸，如图 10-75 所示。在空白处单击。

单击“创建”选项卡>“形状”面板>“空心形状”下拉列表>（空心放样），进入“修改/放样”选项卡，在“放样”面板中单击（拾取路径），拾取“屋顶 1”上表面的一条边作为放样路径，选择路径，拖曳线端点将路径右端延长，如图 10-76 所示。单击“完成”按钮。

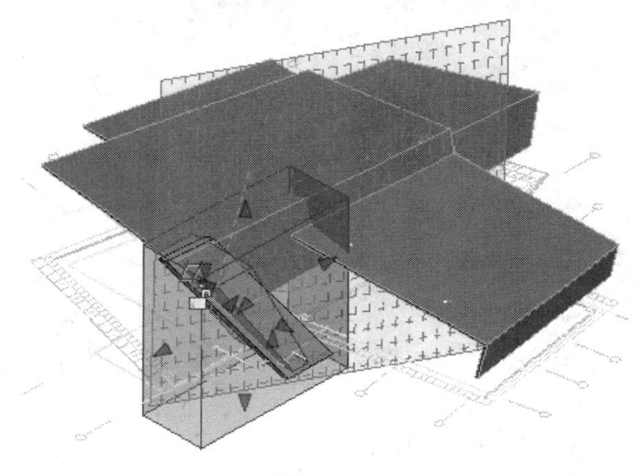

图 10-75

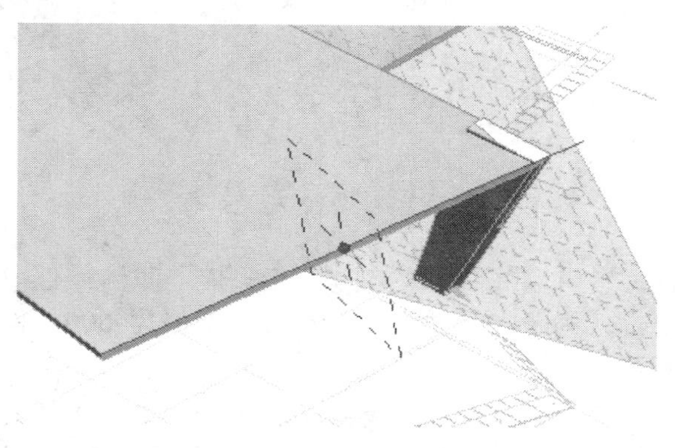

图 10-76

单击“修改/放样”选项卡>“放样”面板>（编辑轮廓），选择绘制方式为（拾取线），拾取“屋顶 1”上表面的边线和侧面的竖向边。再选择绘制方式为（矩形），绘制一个矩形，如图 10-77 所示。

选择“修改”面板中（修剪/延伸为角）工具，编辑上一步中所绘制的线段，如图 10-78 所示。单击“完成”按钮，进入单击“修改/放样”选项卡，再次单击“完成”按钮，创建空心放样。

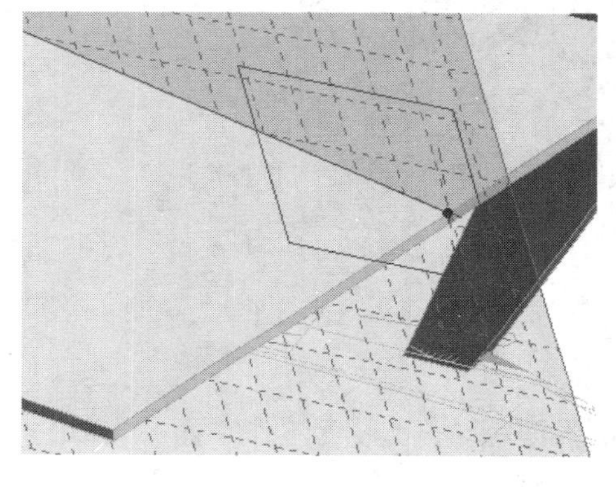

图 10-77

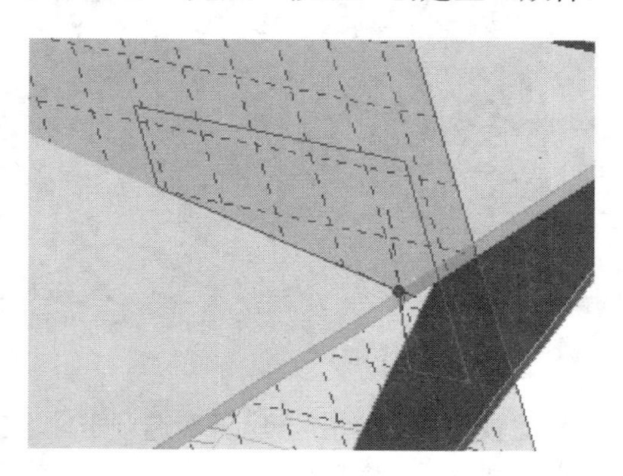

图 10-78

单击“完成模型”按钮。选择（连接几何图形）工具，将“屋顶 1”与柱 1 连接，如图 10-79 所示。

【注意】图中取消了工作平面的显示。

10.3.2 创建斜柱（二）

单击“建筑”选项卡>“构建”面板>“构件”下拉列表>“内建模型”。在弹出的“族类别和族参数”对话框中选择族类别为“柱”。单击“确定”按钮，弹出“名称”对话框，使用默认名称“柱 2”，再次单击“确定”按钮。

单击“创建”选项卡>“工作平面”面板>（设置工作平面），弹出“工作平面”对话框。选择“拾取一个平面”，单击“确定”按钮，在“屋顶 1”斜屋面上单击，如图 10-80 所示。

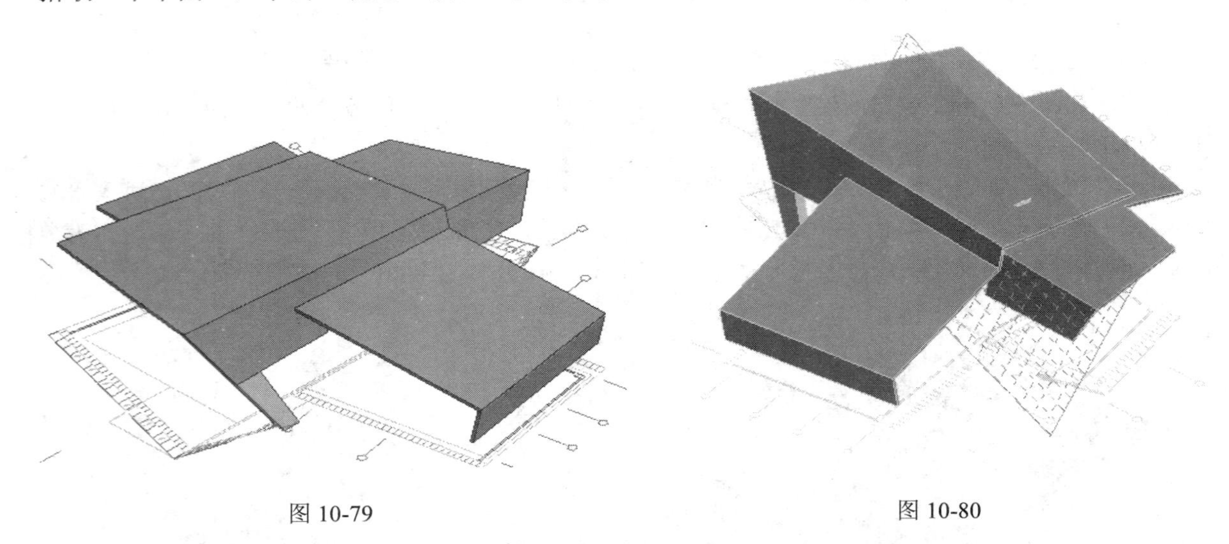

图 10-79　　　　图 10-80

单击“建筑”选项卡>“形状”面板>“实心拉伸”，进入“修改/创建拉伸”选项卡，选择绘制方式为（拾取线），输入深度值为-600，偏移量为 500，拾取屋面边缘绘制草图，如图 10-81 所示。

使用“修改”面板（修剪/延伸为角）工具修改草图线为闭合连接的图形，移动左侧和下方草图线，如图 10-82 所示。单击“完成”，创建拉伸。

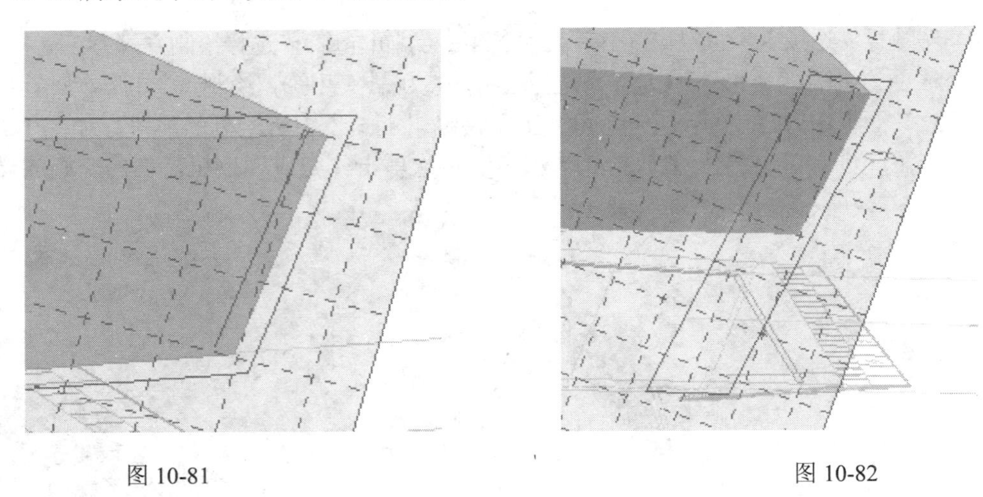

图 10-81　　　　图 10-82

在西立面视图中，单击“建筑”选项卡>“工作平面”面板>（设置工作平面），弹出“工作平面”对话框，如图 10-83 所示。选择指定方式为“名称”，选择“轴网：1”，单击“确定”按钮。

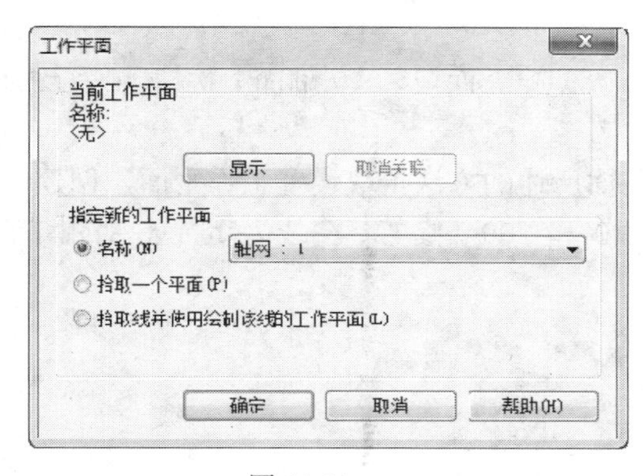

图 10-83

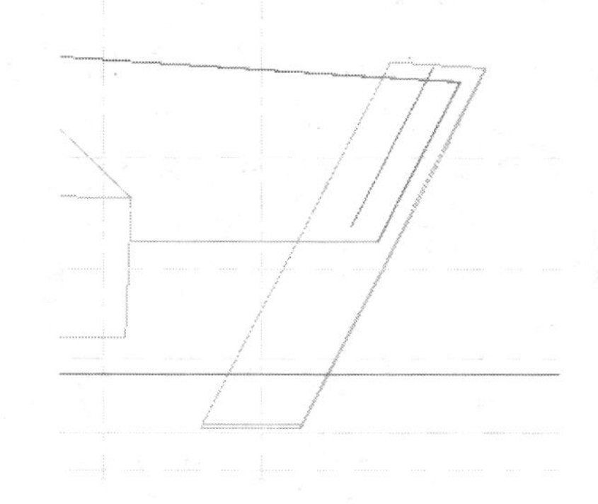

图 10-84

单击“创建”选项卡>“形状”面板>“空心形状”下拉列表> （空心拉伸），进入“修改/创建空心拉伸”选项卡，选择绘制方式为（拾取线），偏移量为 0，拾取屋顶轮廓绘制草图，修改偏移量为 500，拾取 1F-1 标高向下绘制草图，修改偏移量为 1000，拾取屋顶右侧轮廓向左绘制草图，如图 10-84 所示。

使用（修剪/延伸为角）工具修改线为闭合连接的图形。选择绘制方式为（矩形），绘制矩形，如图 10-85 所示。

在三维视图中单击“完成”按钮，创建空心拉伸，通过拖曳造型操纵柄来修改拉伸，如图 10-86 所示。在空白处单击。

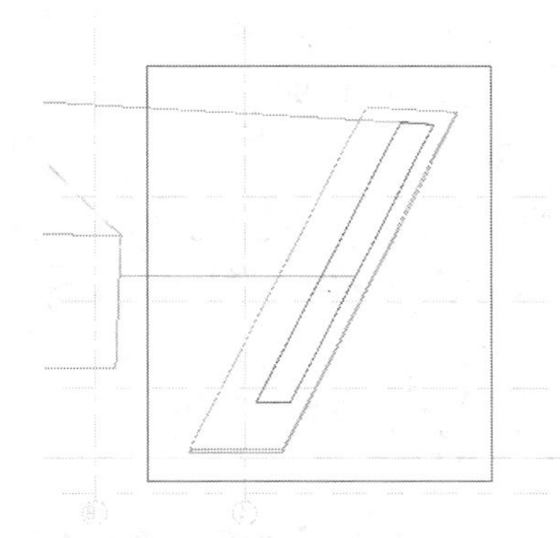

图 10-85

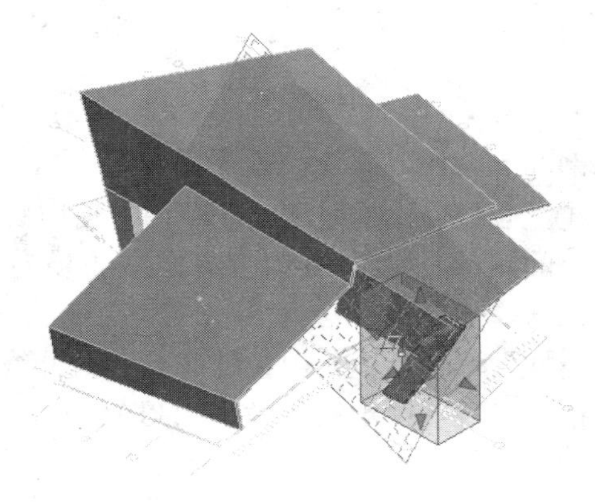

图 10-86

与创建斜柱 1 一样，同样拾取屋顶绘制空心放样，修剪后的放样轮廓如图 10-87 所示。

完成模型，选择 连接（连接几何图形）工具，将“屋顶 2”与柱 2 连接，取消工作平面的显示，如图 10-88 所示。

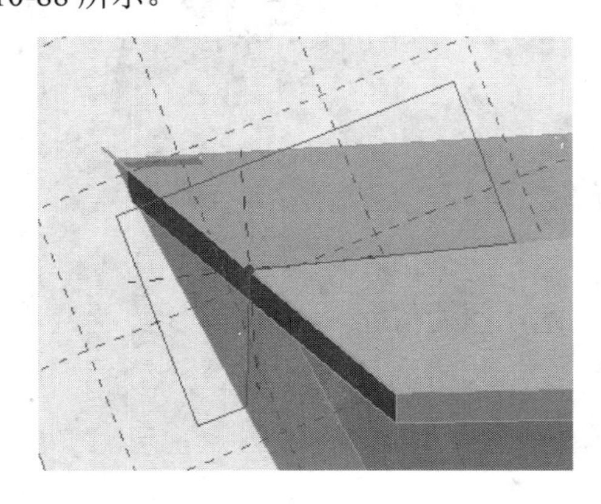

图 10-87

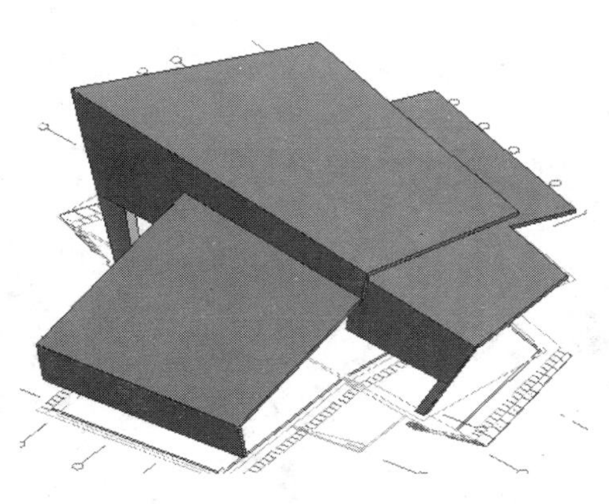

图 10-88

10.3.3 创建球场斜柱

在 1F 楼层平面视图中，单击“视图”选项卡>“创建”面板>（剖面）按钮，平行 1a 号轴线绘制剖面 1，如图 10-89 所示。

创建内建模型，选择族类别为“柱”，按照前面所述的方法拾取设置工作平面，创建拉伸，输入深度值为-600，拾取绘制拉伸草图，偏移量分别为 0 和 200，修剪草图线为闭合连接的图形，移动下方草图线，如图 10-90 所示。单击“完成”按钮。

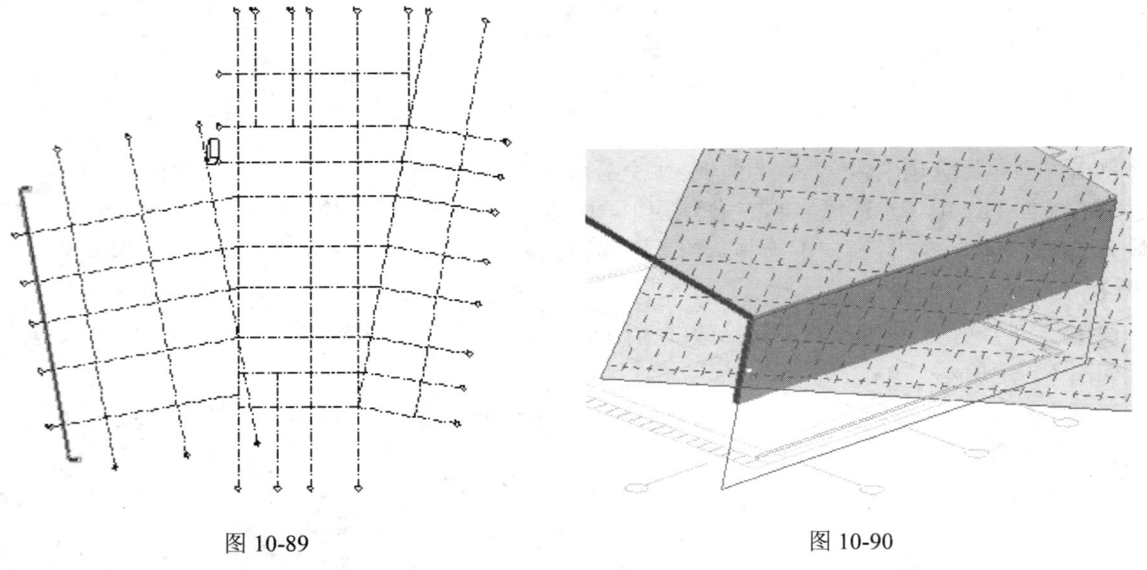

图 10-89　　　　图 10-90

进入剖面 1 视图，设置工作平面，选择指定方式为“名称”，选择“轴网：1a”，单击“确定”按钮。创建空心拉伸，拾取线绘制草图，使用修改面板中（拆分图元）工具拆分线段，修剪草图线为闭合连接的图形，如图 10-91 所示。下方横向短线距 1F 标高的距离为 400，竖向线段距轴线的距离在图上已标出。

在“属性”选项板中修改拉伸起点和拉伸终点的值分别为-2000 和 2000，单击“完成”按钮。完成模型，在三维视图中观察，效果如图 10-92 所示。

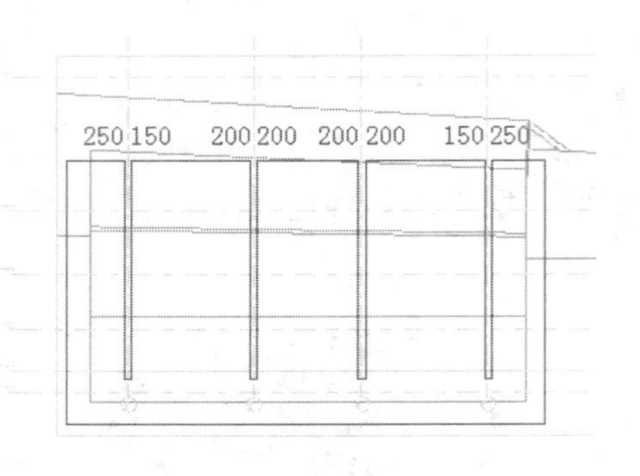

图 10-91

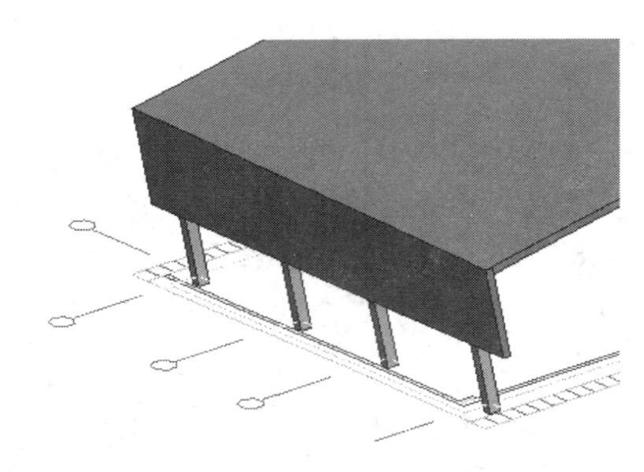

图 10-92

第11章 创 建 幕 墙

幕墙是现代建筑设计中常用的建筑构件，是现代大型和高层建筑常用的带有装饰效果的轻质外墙。由结构框架和镶嵌板材组成，附着到建筑结构，而且不承担建筑的楼板或屋顶荷载。在一般应用中，幕墙常常定义为薄的、通常带铝框的墙，包含填充的玻璃、金属嵌板或薄石。

11.1 幕墙简介

在 Revit Architecture 中，幕墙由“幕墙嵌板”、“幕墙网格”和“幕墙竖梃”三部分构成。幕墙嵌板是构成幕墙的基本单元，幕墙由一块或多块幕墙嵌板组成。幕墙嵌板的大小、数量由划分幕墙的幕墙网格决定，幕墙竖梃是幕墙的结构构件，是沿幕墙网格生成的线性构件。当删除幕墙网格时，依赖于该网格的幕墙竖梃也将同时被删除。在 Revit Architecture 中，可以通过参数或手动指定幕墙网格的划分方式和数量。幕墙嵌板可以替换为任意形式的基本墙或层叠墙类型，也可以替换为自定义的幕墙嵌板族。本章将通过实例操作来介绍幕墙的创建和定义。

11.2 添加活动室部分幕墙

11.2.1 定义幕墙类型

在 2F 楼层平面视图中，单击“建筑”选项卡>“构建”面板>（墙：建筑）按钮，在“属性”选项板中，选择墙类型为“幕墙 店面”，单击“编辑类型”，在弹出的“类型属性”对话框中单击“复制”按钮，修改名称为“活动室幕墙”，单击“确定”按钮，如图 11-1 所示。

修改垂直网格样式布局为“最小间距”，间距为 1800，垂直竖梃类型均为“矩形竖梃：100×200mm”，修改水平网格样式布局为“固定距离”，间距为 2100，水平竖梃内部类型为“矩形竖梃：100×200mm”，边界类型均为“无”，如图 11-2 所示。单击“确定”按钮。

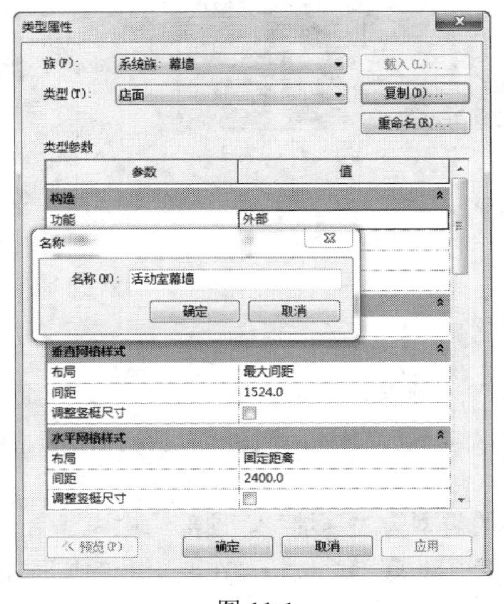

图 11-1

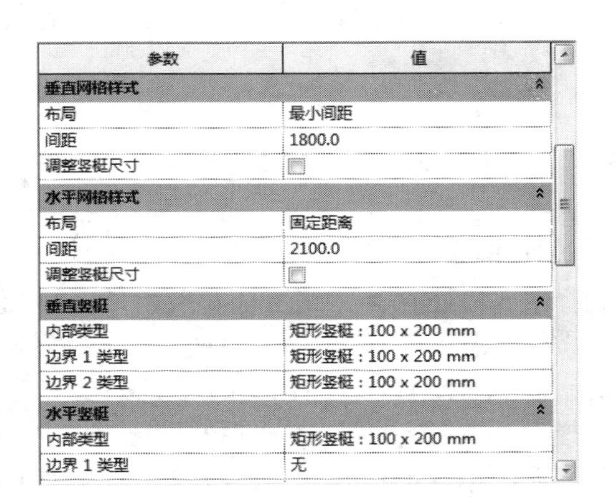

图 11-2

11.2.2　绘制幕墙

在“属性”选项板中，修改底部限制条件为 2F，顶部约束为“直到标高：2F-1”，选择绘制方式为（直线），在选项栏中取消勾选“链”复选框，沿 F 轴从左往右和沿 C 轴从右往左绘制，如图 11-3 所示。

修改偏移值为 150，沿 7 轴从上往下分别绘制三段柱间的幕墙，如图 11-4 所示。

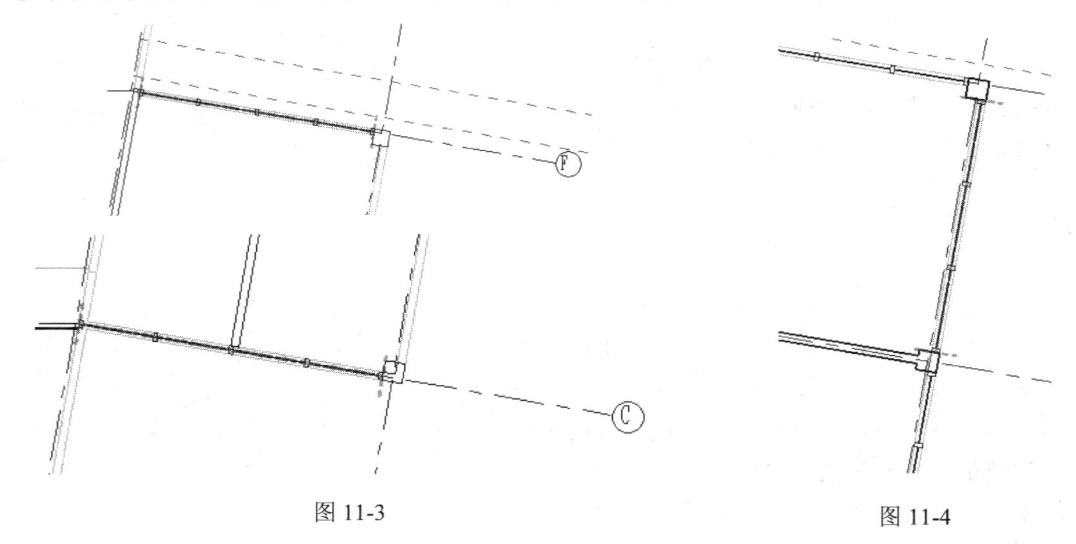

图 11-3　　　　图 11-4

单击“快速访问工具栏”>（默认三维视图）按钮，进入三维视图，选择刚才创建的幕墙，单击“修改/墙”选项卡中（附着顶部/底部）按钮，在要附着的屋顶上单击，将幕墙附着在屋顶上，如图 11-5 所示。

图 11-5

11.3　添加主入口部分幕墙

11.3.1　创建幕墙（一）

选择主入口处的墙，如图 11-6 所示。进入“修改/墙”选项卡，单击“剪贴板”中（复制到剪贴板）按钮。单击（从剪贴板中粘贴）下拉列表，选择“与选定的标高对齐”，在弹出的“选择标高”对话框中选择 1F-1，单击“确定”按钮。

选择上一步创建的墙，在“属性”选项板中，修改墙的类型为“幕墙”，顶部约束为“直到标高：2F-2”，顶部偏移为 0。单击“修改/墙”选项卡中（附着顶部/底部）按钮，在要附着的屋顶上单击，将幕墙附着在屋顶上，如图 11-7 所示。

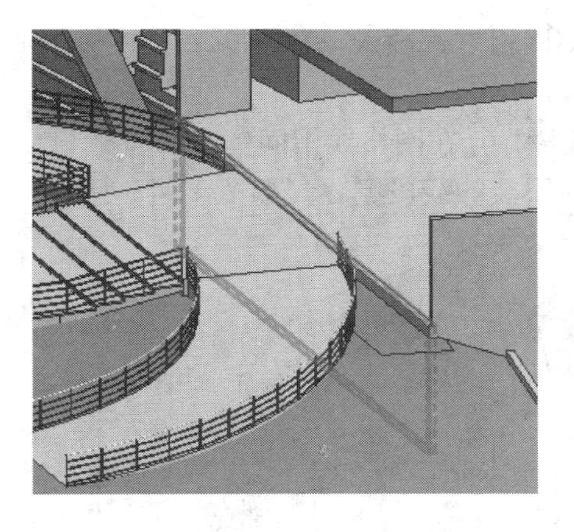

图 11-6

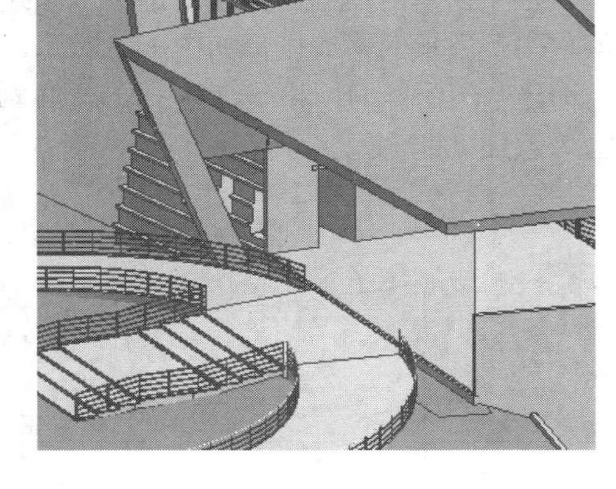

图 11-7

11.3.2 划分幕墙网格

选择幕墙，单击视图控制栏中 (临时隐藏/隔离）按钮，选择“隔离图元”，将幕墙隔离显示。单击“建筑”选项卡>“构件”面板> (幕墙网格)，进入“修改/放置 幕墙网格”选项卡，选择放置方式为 (全部分段)，在幕墙左边缘和下边缘上单击创建幕墙网格，修改横向网格线与下边缘的临时尺寸值为 3900.0，如图 11-8 所示。

在南立面视图中，单击“修改”选项卡>“修改”面板> (对齐）按钮，单击 2 号轴线，再单击竖向幕墙网格线，将网格线与 2 轴对齐。

在三维视图中，单击“建筑”选项卡>“构建”面板> “幕墙网格”，进入“修改/放置 幕墙网格”选项卡，选择放置方式为“全部分段”，在幕墙下边缘上单击，再创建 6 条竖向幕墙网格线，相邻网格线间间距为 2300.0，如图 11-9 所示。

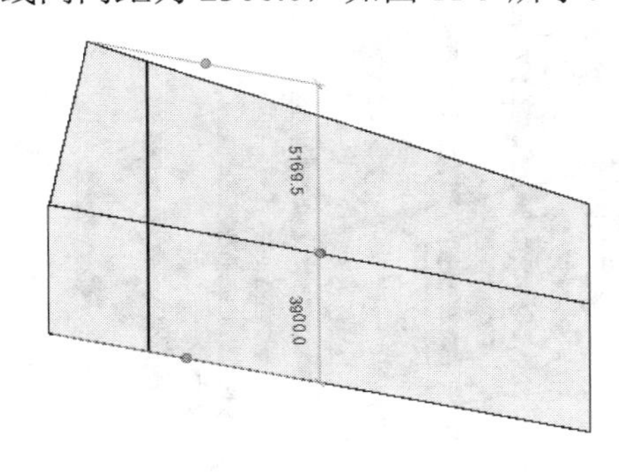

图 11-8

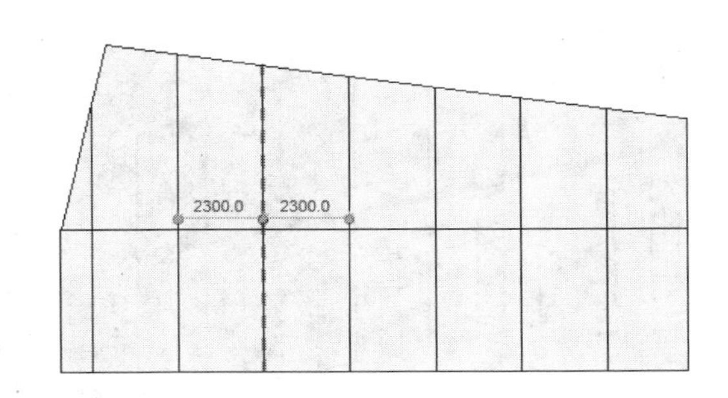

图 11-9

选择放置方式为“全部 分段”，在幕墙左边缘上单击，在横向网格线下方再创建一条幕墙网格，间距为 900.0。选择放置方式为 (一段)，在幕墙下边缘上单击，在网格线间居中创建四段网格线，如图 11-10 所示。

同样，选择放置方式为“一段”，在幕墙中间创建如图 11-11 所示的三段网格线。

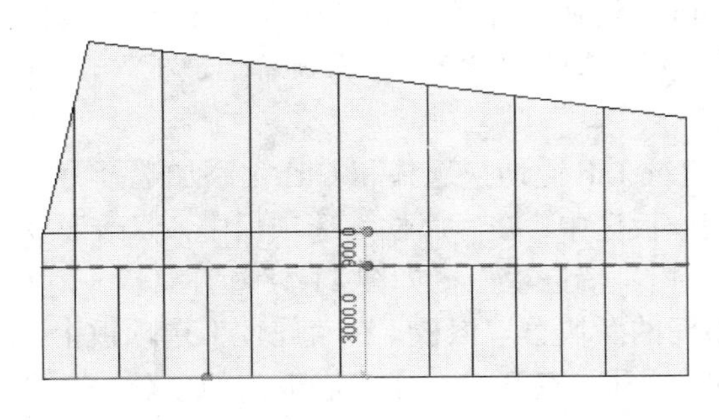

图 11-10

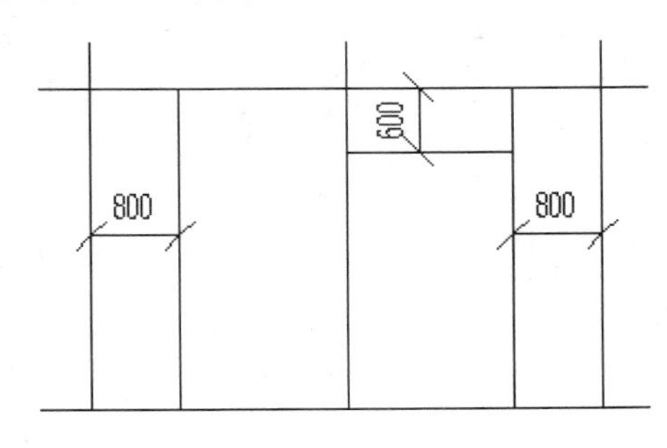

图 11-11

选择上一步中创建的横向网格线，进入“修改/幕墙网格”选项卡，单击（添加/删除线段），在网格线左侧单击，添加网格线段，如图 11-12 所示。

同样，选择中间的竖向网格线，单击“添加/删除线段”，在网格线中间单击，选择下方的横向网格线，单击“添加/删除线段”，在网格线两端单击，将不要的线段删除，如图 11-13 所示。

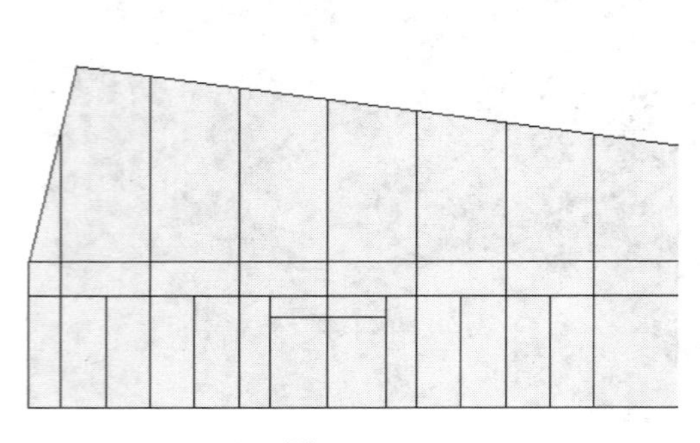

图 11-12

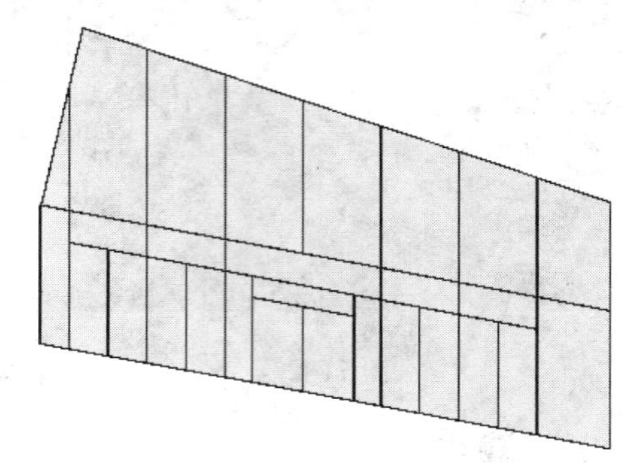

图 11-13

11.3.3 创建幕墙竖梃

单击“建筑”选项卡>“构件”面板>（幕墙竖梃），选择竖梃类型为“矩形竖梃：100×300mm”，选择放置方式为（网格线），在横向网格线上单击，创建一段竖梃，如图 11-14 所示。

同样，选择竖挺类型为“矩形竖梃：150×400mm”，选择放置方式为“网格线”，在竖向网格线上单击，选择放置方式为（单段网格线），在右侧和中间竖向网格线的上段上单击，创建竖梃，如图 11-15 所示。

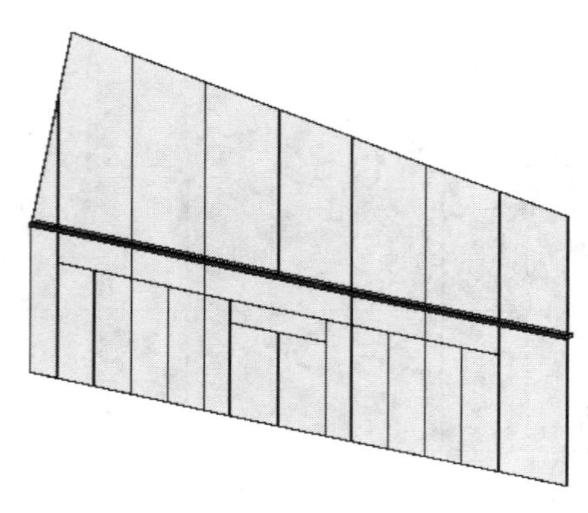

图 11-14

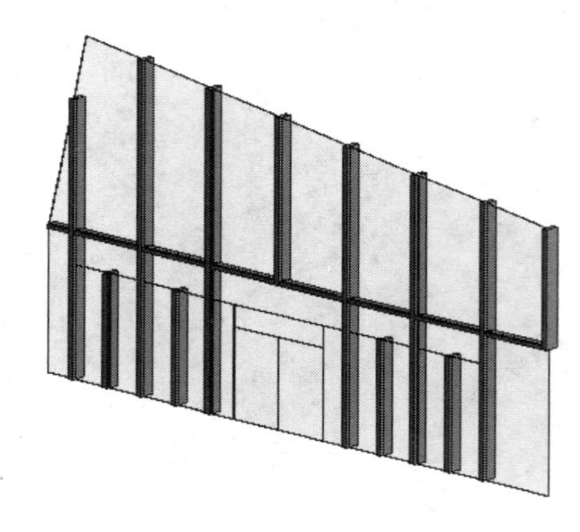

图 11-15

选择多余的横向竖梃，按 Del 键删除，完成幕墙竖梃的创建，如图 11-16 所示。

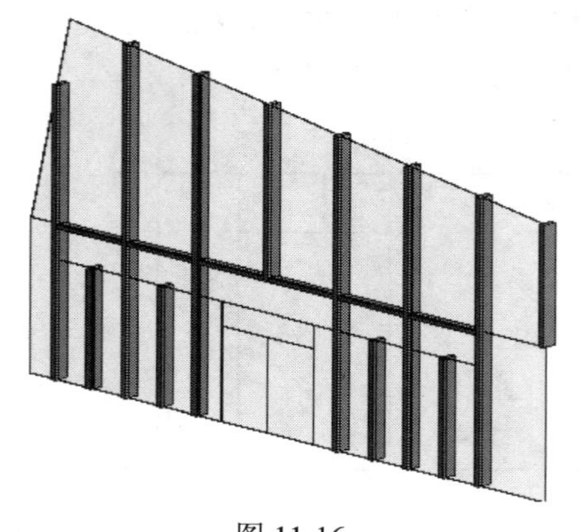

图 11-16

11.3.4 修改幕墙嵌板

通过 Tab 键切换选择左上角的幕墙嵌板，在“属性”选项板中，修改嵌板类型为“幕墙 主入口幕墙嵌板”，如图 11-17 所示。

同样，通过 Tab 键切换选择和 Ctrl 键添加选择将其他需要修改的幕墙嵌板选中，在“属性”选项板中，修改嵌板类型为“幕墙 主入口幕墙嵌板”，如图 11-18 所示。

选择中间的两块幕墙嵌板，在“属性”选项板中，修改嵌板类型为“门嵌板_双开”，完成嵌板门的创建，如图 11-19 所示。

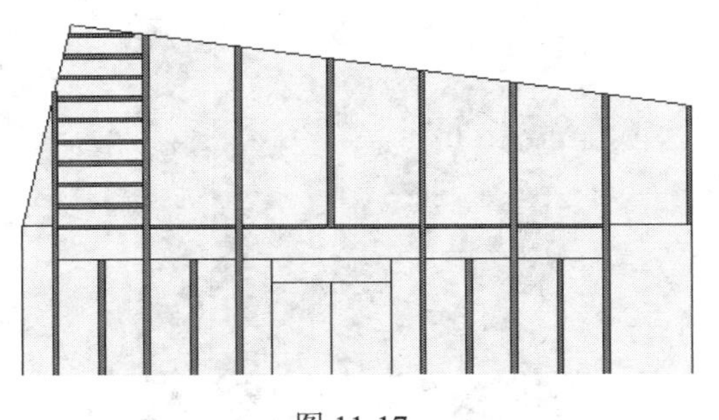
图 11-17

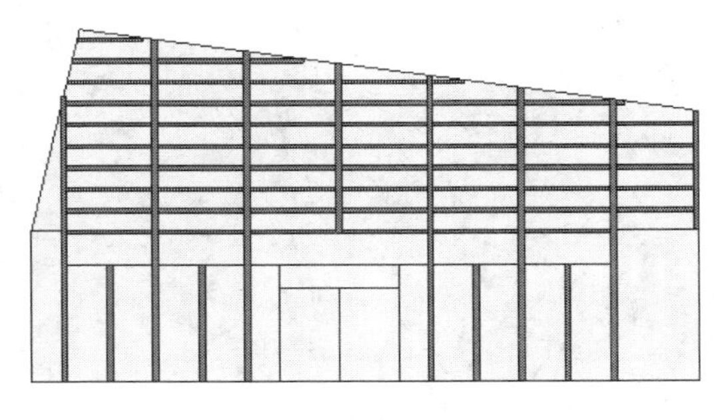
图 11-18

同样，选择需要替换为窗的幕墙嵌板，在“属性”选项板中，修改嵌板类型为“窗嵌板_固定”，完成窗板门的创建，如图 11-20 所示。

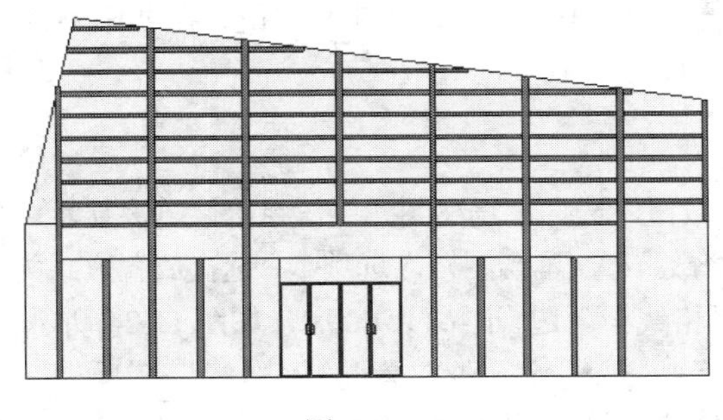
图 11-19

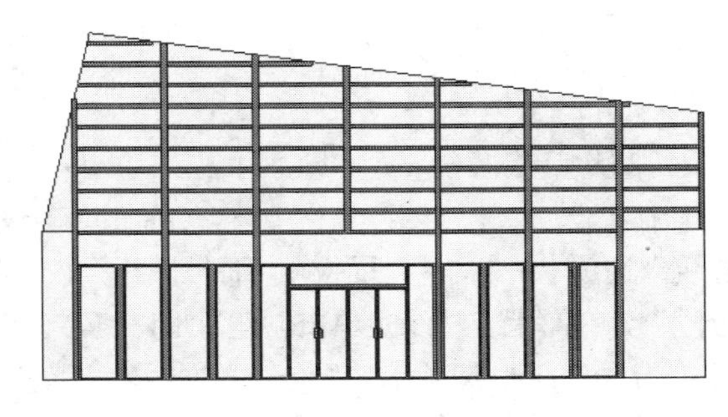
图 11-20

选择左下角和右下角的幕墙嵌板，在“属性”选项板中，修改嵌板类型为“基本墙 外墙-200mm”，通过视图控制栏取消幕墙的隔离显示。使用“修改”面板（修剪/延伸为角）工具将嵌板墙与与之相连的墙延伸成为一个角，在如图 11-21 所示。

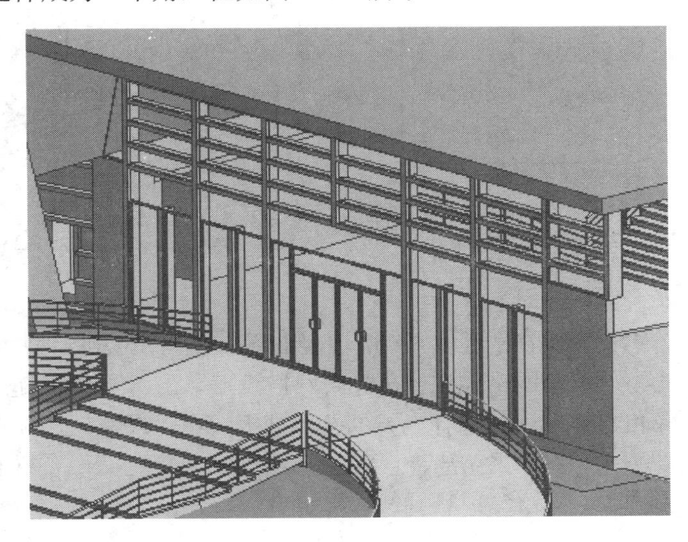
图 11-21

11.3.5 创建幕墙（二）

在 2F 楼层平面视图中，单击“建筑”选项卡>“构件”面板>（墙：建筑）按钮，在“属性”选项板中，选择墙类型为“幕墙”，修改顶部约束为“直到标高：2F-2”，选择绘制方式为（直线），沿墙中心线从上往下绘制一段幕墙，如图 11-22 所示。

单击“修改”选项卡> “修改”面板> （修剪/延伸为角）工具，将该幕墙与另外两块幕墙分别延伸成一个角，如图 11-23 所示。

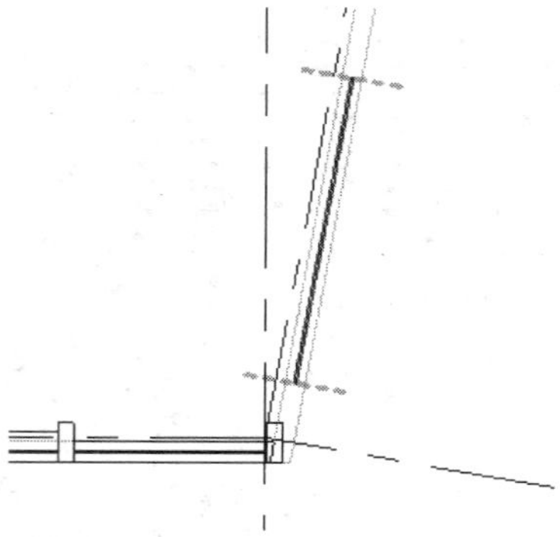

图 11-22

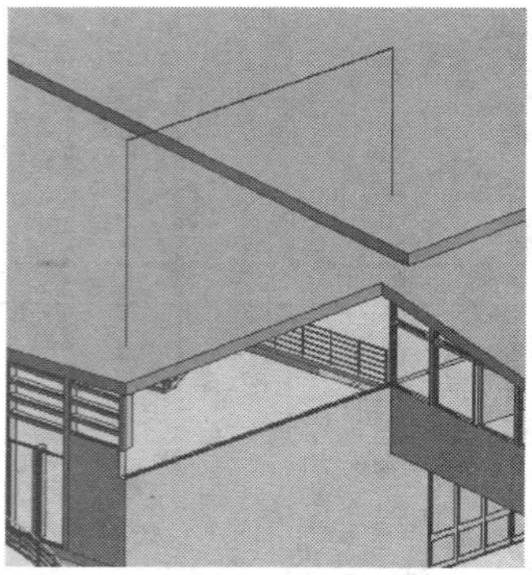

图 11-23

选择上一步创建的墙，进入“修改/墙”选项卡，单击（附着顶部/底部）按钮，在要附着的屋顶上单击，将幕墙附着在屋顶上。

11.3.6 划分幕墙网格

选中幕墙，单击视图控制栏中（临时隐藏/隔离）按钮，选择“隔离图元”，将幕墙隔离显示。单击“建筑”选项卡>“构件”面板>“幕墙网格”，进入“修改/放置 幕墙网格”选项卡，选择放置方式为“全部分段”，在幕墙左边缘上单击创建幕墙网格，该横向网格线与下边缘距离为900.0，如图11-24所示。

单击“建筑”选项卡>“构件”面板>“幕墙网格”，进入“修改/放置 幕墙网格”选项卡，选择放置方式为“全部分段”，在横向网格线上单击创建幕墙网格，左侧网格线距左侧边缘距离与网格线间距均为2150.0，如图11-25所示。

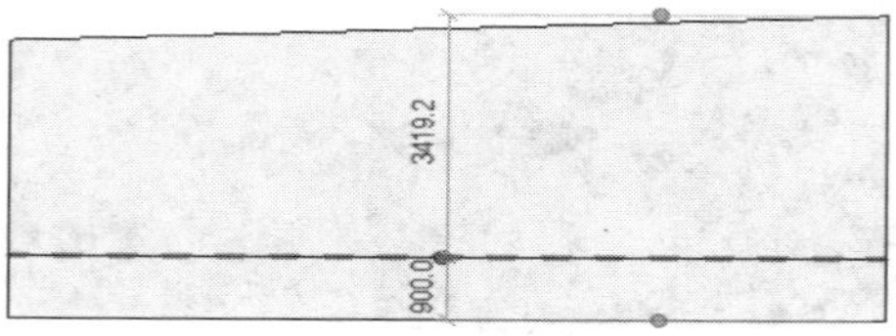

图 11-24

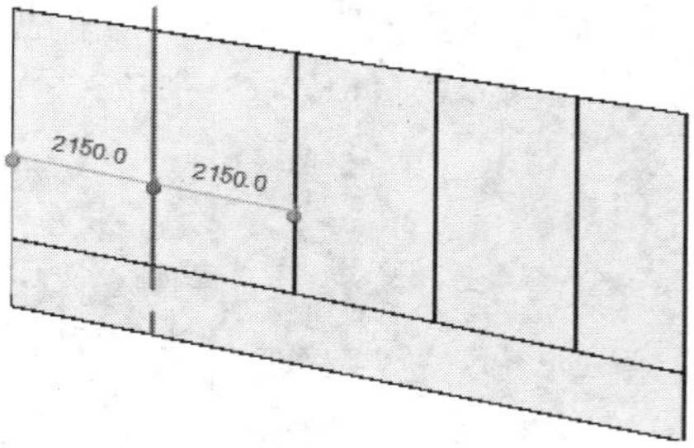

图 11-25

11.3.7 创建幕墙竖梃

单击“建筑”选项卡>“构件”面板>“幕墙竖梃”，选择竖梃类型为“矩形竖梃：150×400mm”，选择放置方式为“单段网格线”，在竖向网格线上单击，创建幕墙竖梃，如图11-26所示。

通过Tab键切换选择和Ctrl键添加选择上方的幕墙嵌板，在“属性”选项板中，修改嵌板类型为“幕墙 主入口幕墙嵌板”，如图11-27所示。

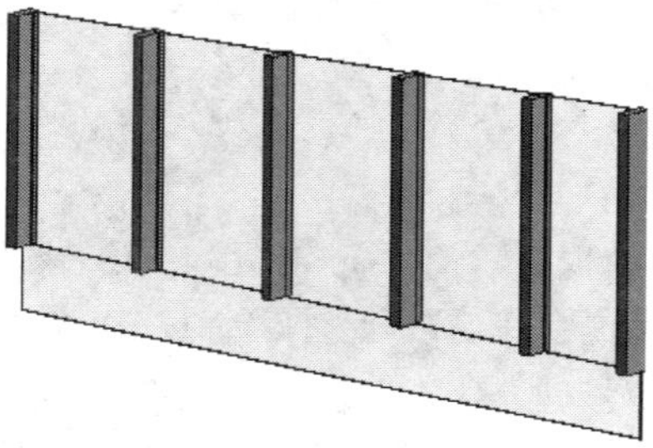

图 11-26

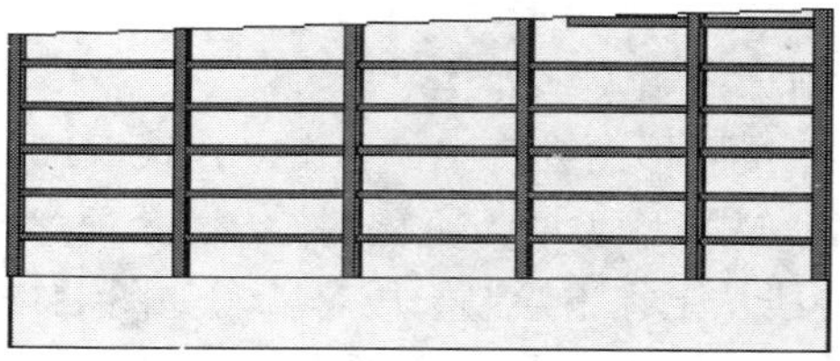

图 11-27

选择下方的幕墙嵌板，在“属性”选项板中，修改嵌板类型为“基本墙 外墙-200mm”，通过视图控制栏取消幕墙的隔离显示。使用“修改”面板（修剪/延伸为角）工具将嵌板墙与与之相连的墙延伸成为一个角，在如图 11-28 所示。

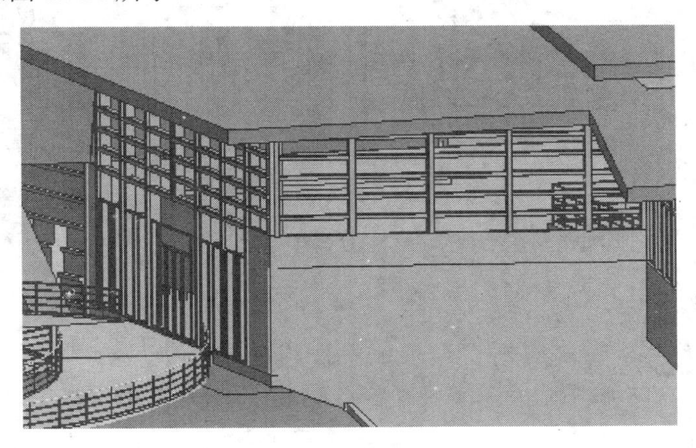

图 11-28

11.4 添加茶厅部分幕墙

11.4.1 绘制幕墙

在 2F 楼层平面视图中，单击“建筑”选项卡>“工作平面”面板>（参照平面），进入“修改/放置参照平面”选项卡，选择绘制方式为（直线），修改偏移量为 250，在 3 号轴线上从上往下绘制，如图 11-29 所示。

单击“建筑”选项卡>“构件”面板>（墙：建筑）按钮，在“属性”选项板中，选择墙类型为“幕墙 茶厅幕墙”，修改顶部约束为“直到标高：2F-1”，选择绘制方式为（直线），沿墙中心线从左往右绘制，右端在参照平面上，如图 11-30 所示。

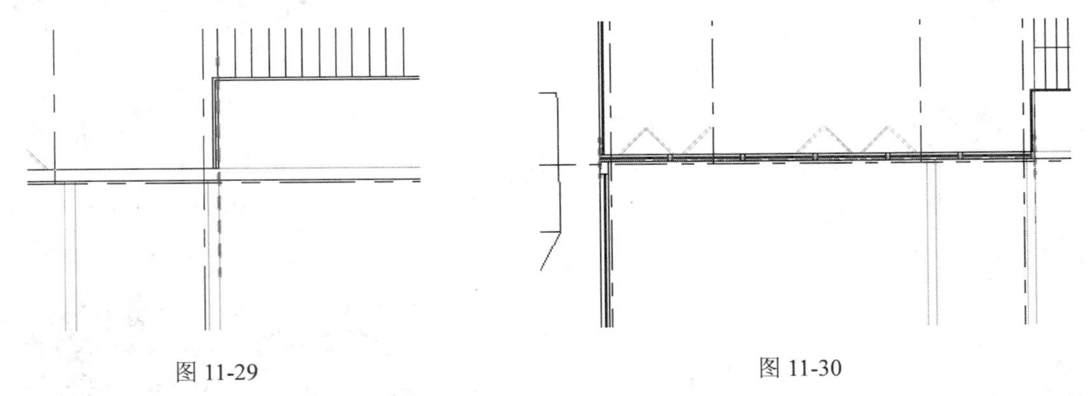

图 11-29　　图 11-30

选择墙类型为“幕墙”，在选项栏中勾选“链”复选框，从参照平面开始沿墙中心线顺时针绘制，在三维视图中观察，如图 11-31 所示。

选择创建的幕墙，单击“修改/墙”选项卡中“附着顶部/底部”按钮，在要附着的屋顶上单击，将幕墙附着在屋顶上。

11.4.2 编辑幕墙

单击“建筑”选项卡>“构件”面板>“幕墙网格”，进入“修改/放置 幕墙网格”选项卡，选择放置方式为“全部分段”，在幕墙边缘上单击创建幕墙网格，修改网格线与下边缘的临时尺寸值为 900，如图 11-32 所示。

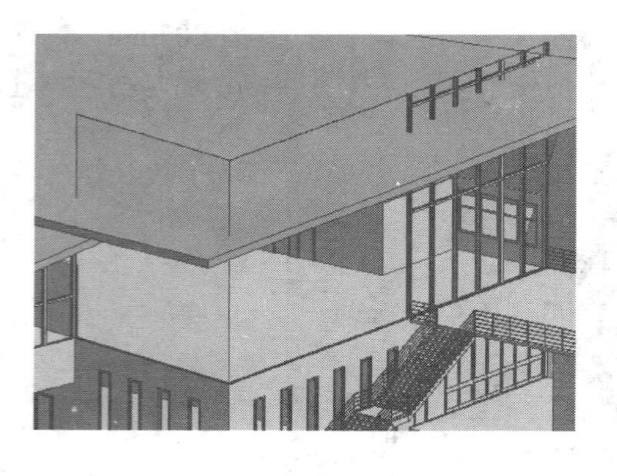

图 11-31

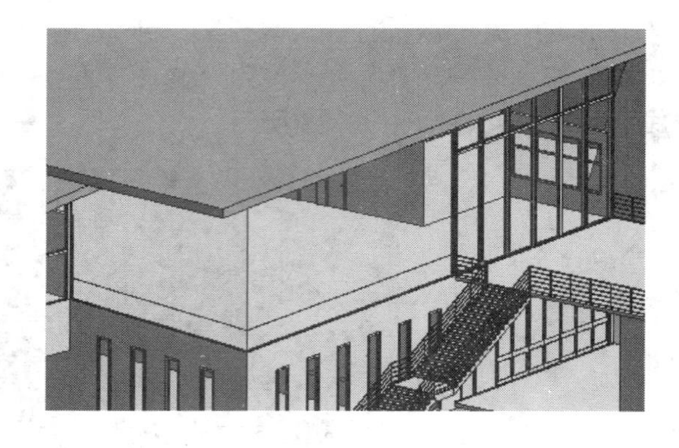

图 11-32

选择下方的幕墙嵌板，在“属性”选项板中，修改嵌板类型为“基本墙 外墙-200mm”，选择上部的幕墙嵌板，在“属性”选项板中，修改嵌板类型为“幕墙 茶厅幕墙 2”，如图 11-33 所示。

单击“建筑”选项卡>“构件”面板>“幕墙网格”，进入“修改/放置 幕墙网格”选项卡，选择放置方式为“一段”，在幕墙竖梃上单击创建幕墙网格，如图 11-34 所示。

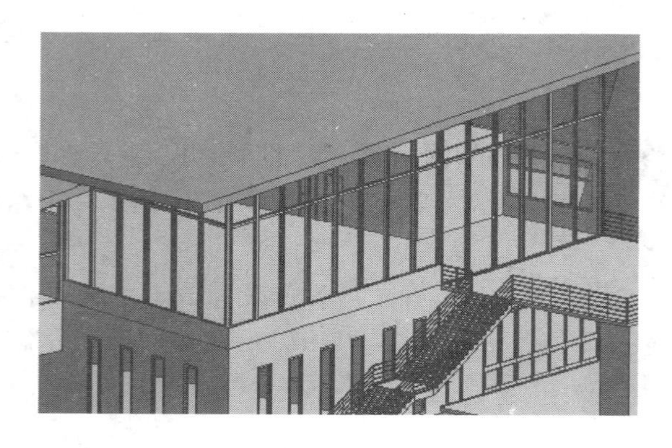

图 11-33

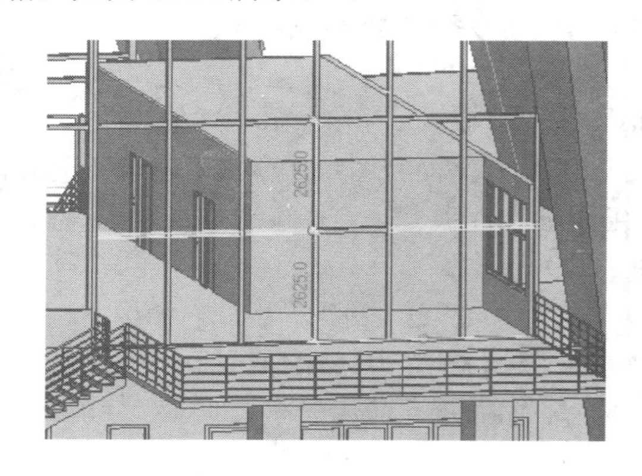

图 11-34

在创建幕墙网格的同时软件将自动生成竖梃，并弹出“错误”对话框，如图 11-35 所示。单击“删除图元”按钮，将多出的竖梃删除，修改幕墙网格距底边缘的临时尺寸值为 1950。

通过 Tab 键切换选择创建的幕墙网格线，单击“添加/删除线段”，在网格线右侧单击，添加幕墙网格，如图 11-36 所示。

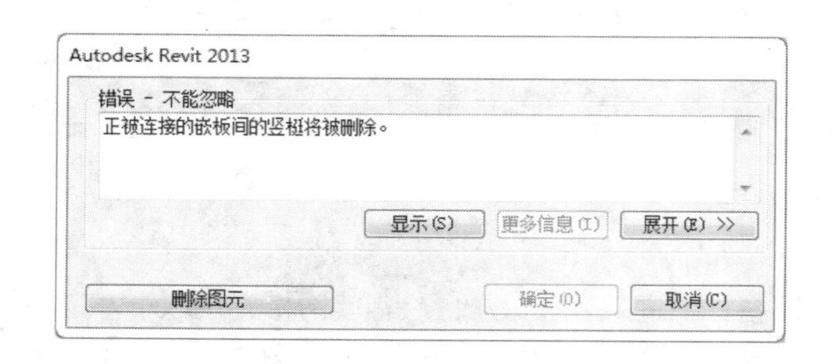

图 11-35

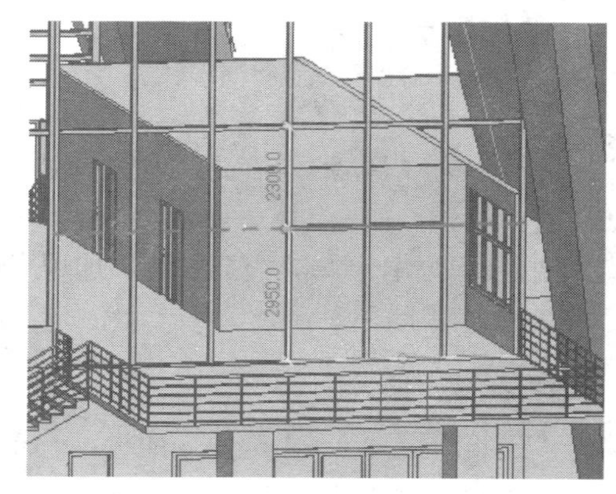

图 11-36

选择幕墙网格线下方的幕墙嵌板，在“属性”选项板中，修改嵌板类型为“门嵌板_双扇无框”，完成嵌板门的创建，如图 11-37 所示。

选择多余的竖梃，在锁定符号上单击，取消竖梃的锁定，如图 11-38 所示。按 Del 键删除，同样，将该条网格线上的竖梃也一并删除。

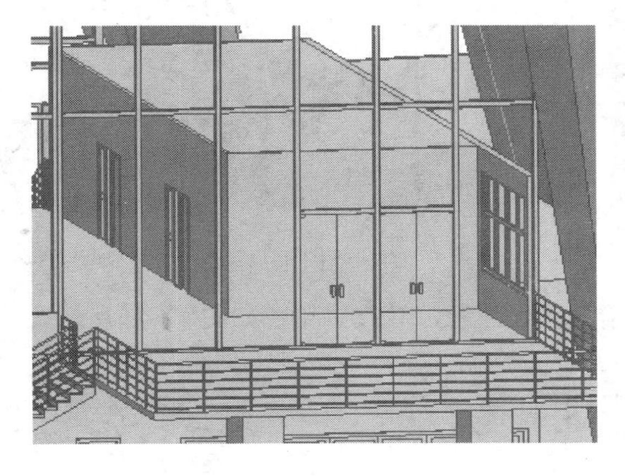

图 11-37

图 11-38

11.5 添加羽毛球场部分幕墙

11.5.1 创建屋顶间与球场南面幕墙

在 2F-1 楼层平面视图中，单击“建筑”选项卡>“构件”面板>“墙”按钮，选择墙类型为“幕墙”，选择绘制方式为（拾取线），修改偏移量为 200，拾取 D 轴中段和 6 轴分别在下方和右侧绘制幕墙，如图 11-39 所示。

在 1F 平面视图中，单击“建筑”选项卡>“构件”面板>“墙”按钮，选择墙类型为“幕墙”，修改顶部约束为“直到标高：2F-2”，选择绘制方式为（拾取线），修改偏移量为 175，拾取 C 轴左段在下方绘制幕墙，如图 11-40 所示。

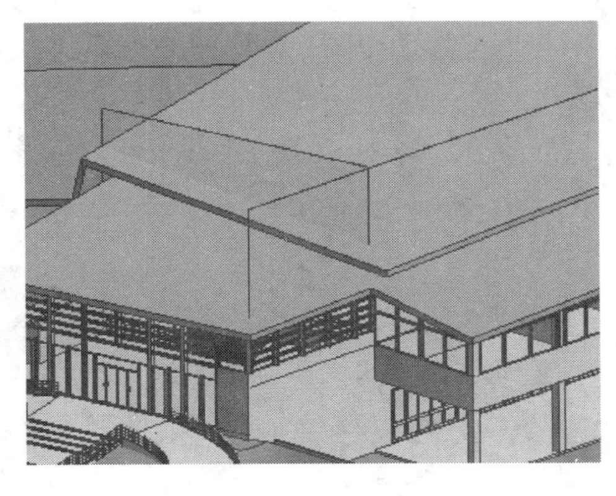

图 11-39

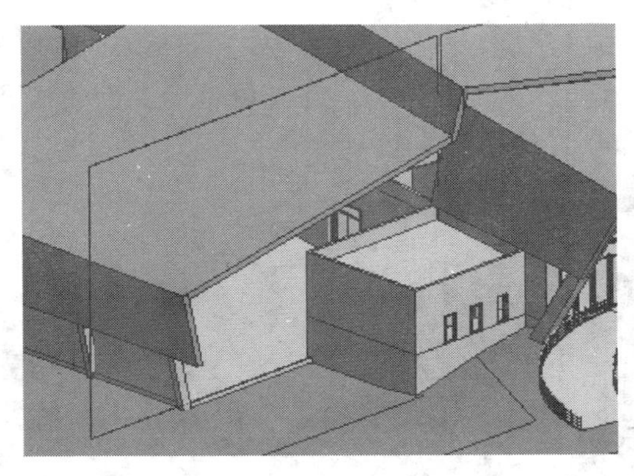

图 11-40

单击“修改”选项卡> “修改”面板> （修剪/延伸单个图元），将两侧幕墙分别延伸到球场墙内表面和茶厅幕墙竖梃南侧面。使用（修剪/延伸为角）工具修剪相邻幕墙，如图 11-41 所示。

选择左侧幕墙，在“修改/墙”选项卡中单击（编辑轮廓）按钮，进入“修改/墙>编辑轮廓”选项卡，选择绘制方式为（拾取线），拾取柱边缘、墙边缘与屋顶表面绘制草图线，修改草图为闭合连接的图形，如图 11-42 所示。单击完成。

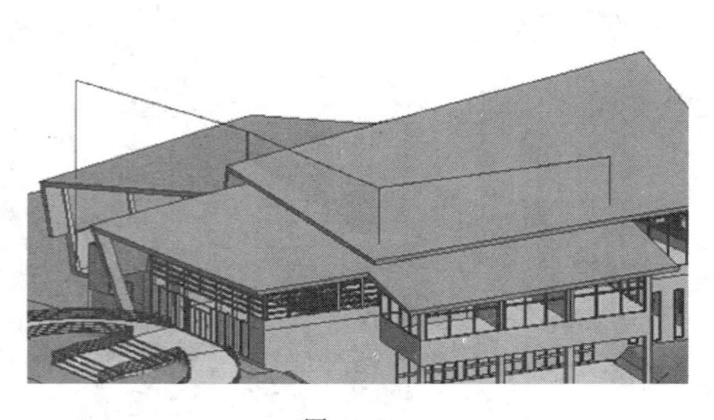

图 11-41

图 11-42

同样编辑另外两块幕墙的轮廓，草图线绘制为拾取屋顶边缘，修改后轮廓如图 11-43 所示。

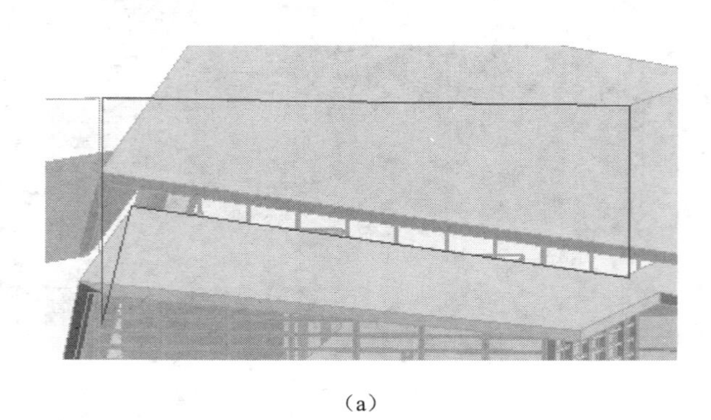

（a）

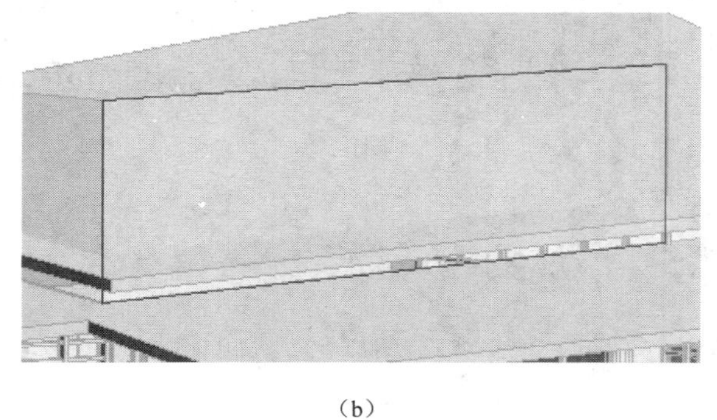

（b）

图 11-43

将幕墙分别附着在屋顶上，选择左边两块幕墙，在“属性”选项板中，修改幕墙类型为“幕墙 屋顶间幕墙”，删除多余的竖梃，如图 11-44 所示。

11.5.2 编辑球场幕墙

单击“建筑”选项卡>“构件”面板>“幕墙网格”，进入“修改/放置 幕墙网格”选项卡，选择放置方式为“全部分段”，在左侧幕墙上创建横竖网格线各一条，修改横向网格线与下边缘临时尺寸值为 5400.0，如图 11-45 所示。

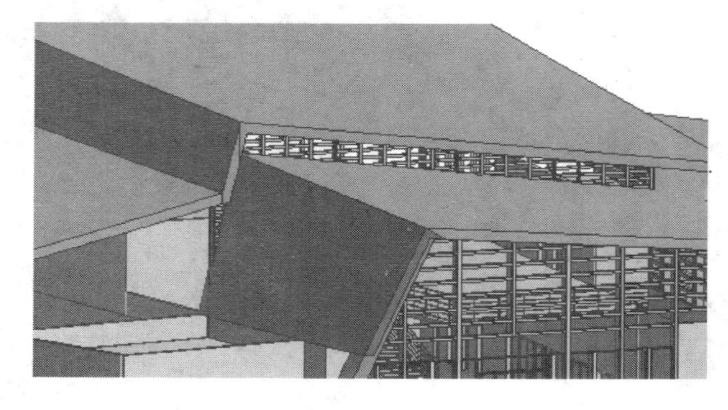

图 11-44

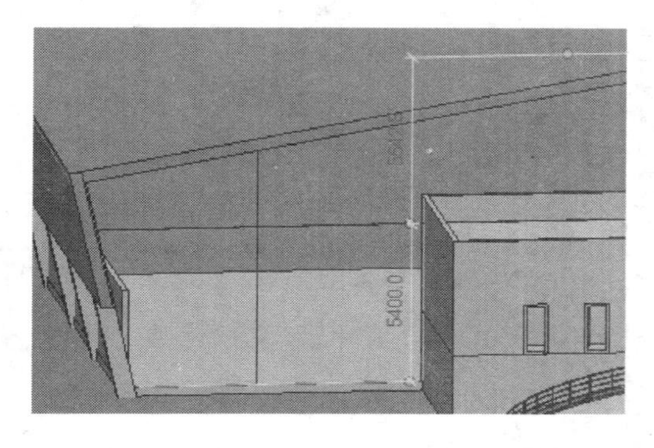

图 11-45

在 1F 楼层平面视图中，单击“修改”选项卡>“修改”面板>（对齐）按钮，分别在 1a 号轴线和幕墙网格上单击，如图 11-46 所示。将竖向网格线与 1a 号轴线对齐。

按照前面所述的方法创建其他的幕墙网格，如图 11-47 所示。

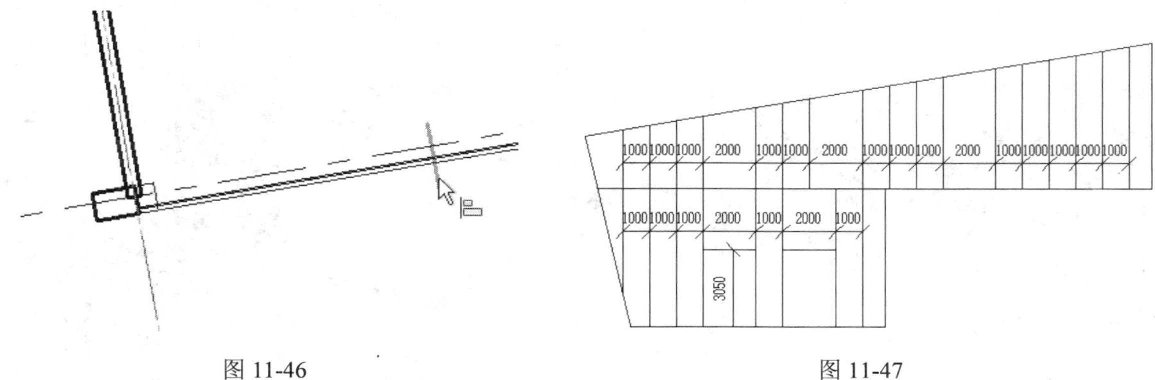

图 11-46　　　　图 11-47

单击“建筑”选项卡>“构件”面板>“幕墙竖梃”，选择竖梃类型为“矩形竖梃：150×200mm”，选择放置方式为“网格线”，在上方横向网格线上单击，创建竖梃。选择竖梃类型为“矩形竖梃：100×150mm”，在其他网格线上创建竖梃，如图 11-48 所示。

通过 Tab 键切换选择和 Ctrl 键添加选择将上方部分幕墙嵌板选中，在“属性”选项板中，修改嵌板类型为“幕墙 羽毛球场幕墙嵌板”，如图 11-49 所示。

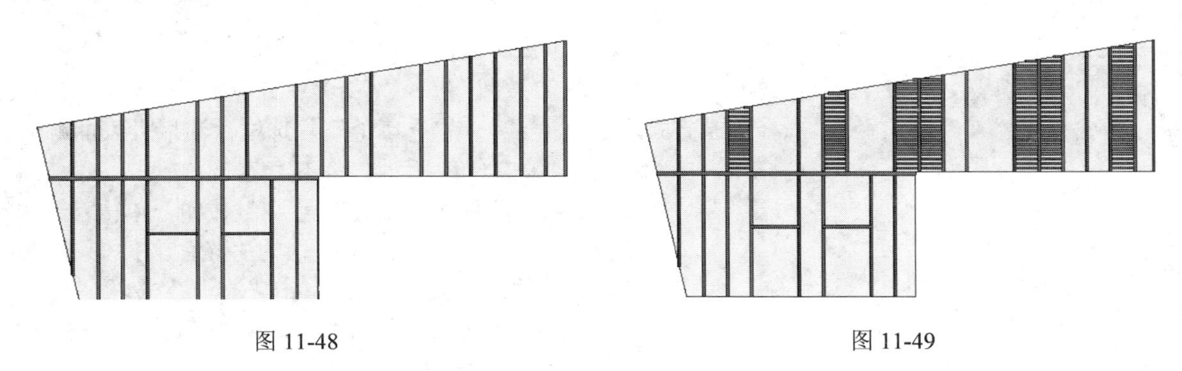

图 11-48　　　　图 11-49

将上方剩下的幕墙嵌板选中，在“属性”选项板中，修改嵌板类型为“幕墙 羽毛球场幕墙嵌板 2”。选择下方的幕墙嵌板，修改嵌板类型为“门嵌板_双扇无框”，如图 11-50 所示。

使用“构件”面板（幕墙网格）工具，左上角幕墙上创建一条竖网格线，修改其与右侧网格线临时尺寸值为 1000，如图 11-51 所示。使用（幕墙竖梃）工具，在该网格线上创建竖梃，竖梃类型为“矩形竖梃：100×150mm”，完成该幕墙的创建。

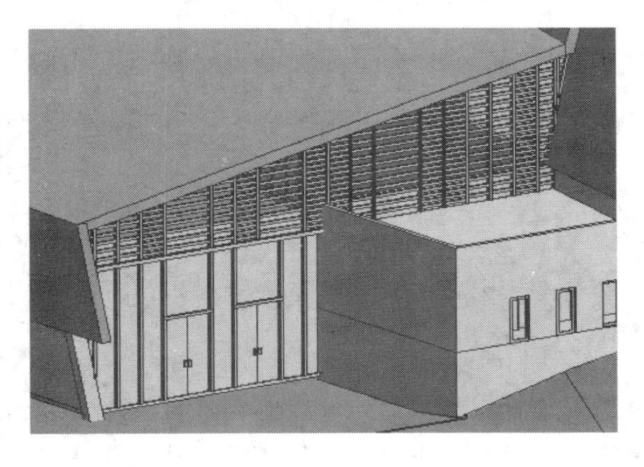

图 11-50

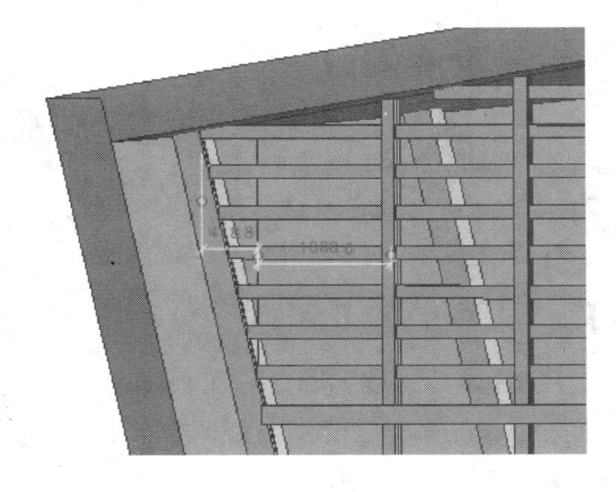

图 11-51

使用同样的方法完成羽毛球场北面的幕墙，如图 11-52 所示。

在 2F-1 楼层平面视图中，选择屋顶，拖动造型操纵柄修改屋顶，如图 11-53 所示。

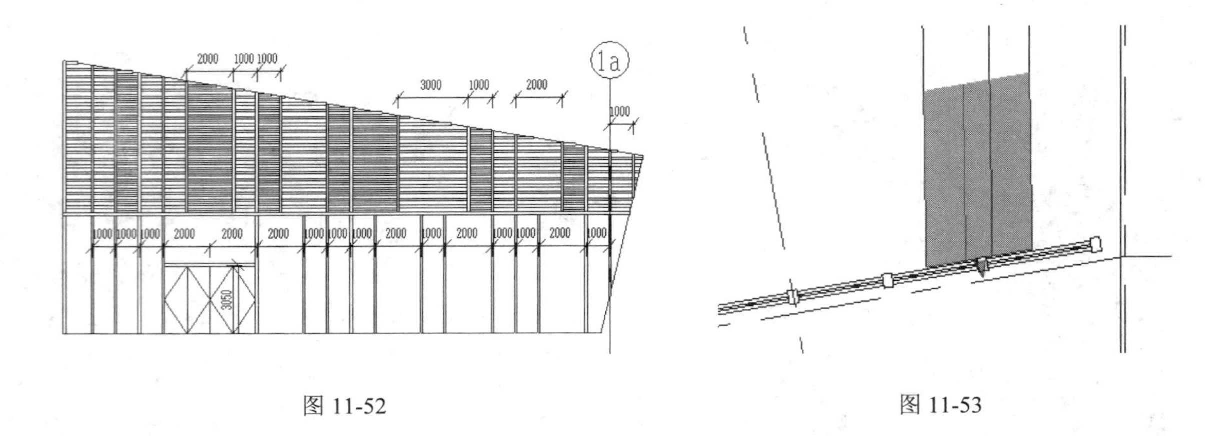

图 11-52　　　　图 11-53

11.6　添加外墙装饰

11.6.1　内建模型

在 1F-1 楼层平面视图中，单击“建筑”选项卡>“构建”面板>“构件”下拉列表>（内建模型）按钮，选择族类别为“常规模型”，使用默认名称，单击“确定”按钮。

单击“创建”选项卡>“形状”面板>（实心放样）按钮，进入“修改/放样”选项卡，在“放样”面板中单击（绘制路径），选择绘制方式为（直线），勾选“链”复选框，沿墙外表面顺时针绘制，如图 11-54 所示。单击完成。

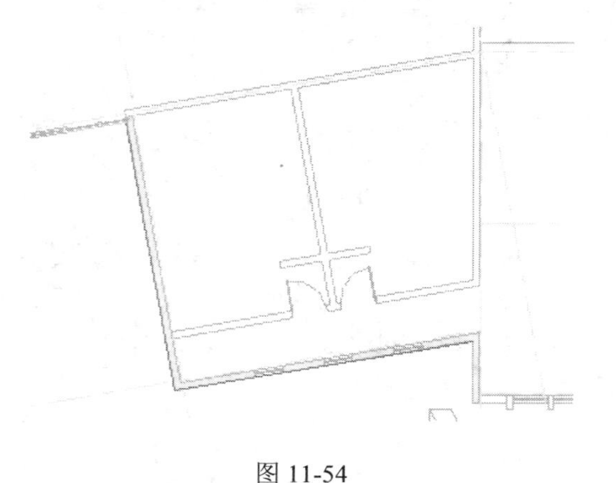

图 11-54

单击放样面板中“选择轮廓”按钮，单击（载入轮廓），选择随书光盘中的“光盘文件/族文件/外墙装饰轮廓.rfa”族文件，单击“打开”按钮。在下拉列表中选择轮廓为“外墙装饰轮廓”，如图 11-55 所示。单击完成。

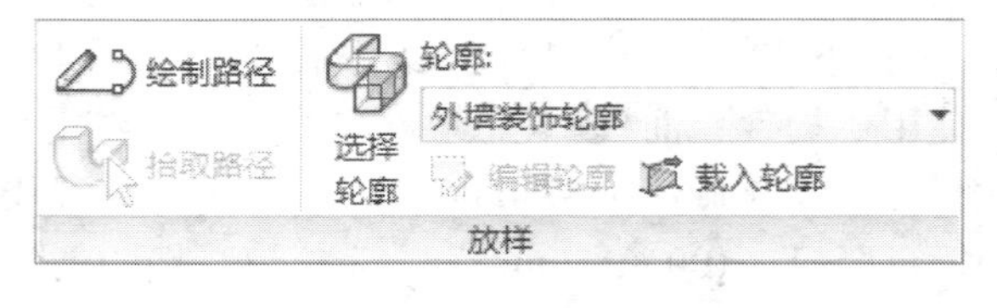

图 11-55

进入三维视图，在形状面板中单击“空心形状”下拉列表>（空心拉伸），修改视觉样式为“线框”，详细程度为“粗略”，设置“轴网：1/A”为工作平面，选择绘制方式为（拾取线），拾取窗洞口绘制轮廓，如图 11-56 所示。

在“属性”选项板中修改拉伸终点为-2000，单击完成。修改视觉样式为“着色”，如图 11-57 所示。单击完成绘制。

【注意】如果空心形状没有自动剪切实心形状，使用“剪切几何图形”工具手动剪切即可。

11.6.2　创建剩余外墙装饰

同样，在 1F-1 楼层平面视图中，创建内建模型，绘制实心放样。绘制路径选择绘制方式为（直线），勾选“链”复选框，沿墙外表面顺时针绘制，如图 11-58 所示。修改左侧线段距 4 号轴线距离为 875。

在 1F 楼层平面视图中，使用修改面板中（修建/延伸单个图元）工具修改路径，如图 11-59 所示。完成路径。

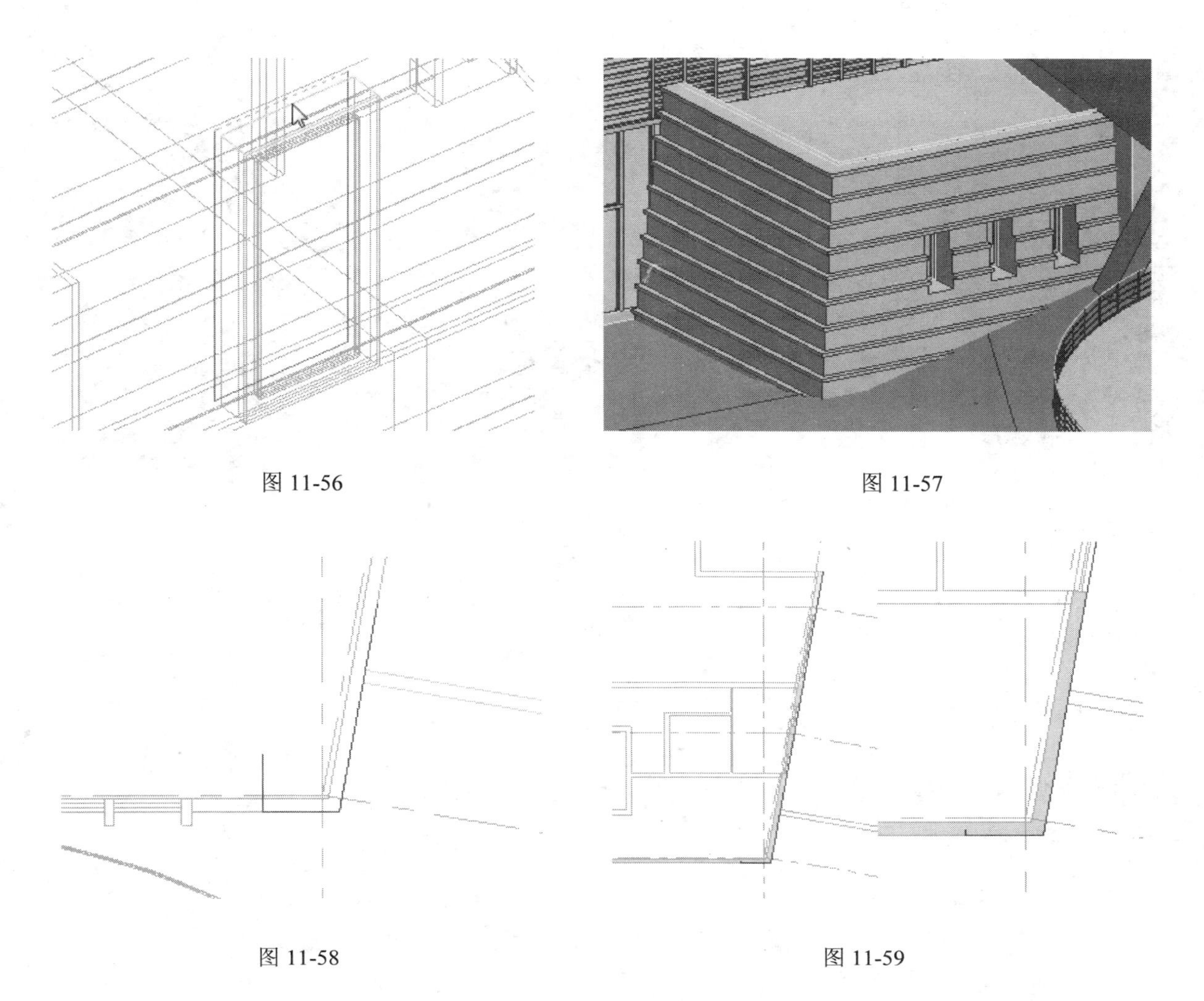

图 11-56

图 11-57

图 11-58

图 11-59

同样，选择轮廓为“外墙装饰轮廓”，完成放样。拾取窗洞口绘制空心拉伸，完成后如图 11-60 所示。

在 2F 楼层平面中，修改视觉样式为“线框”，继续创建空心拉伸，拾取线绘制轮廓，如图 11-61 所示。

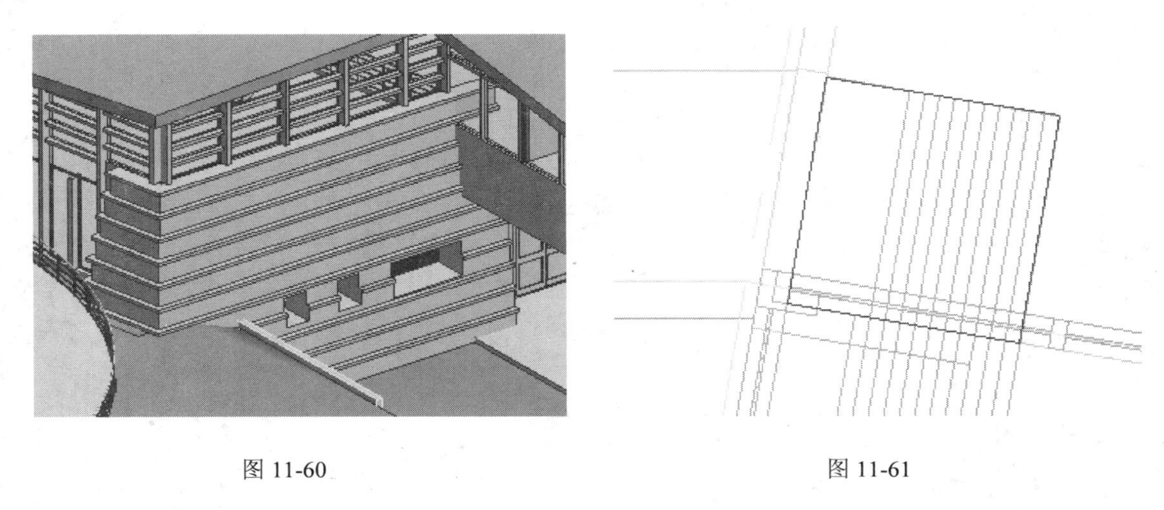

图 11-60

图 11-61

在“属性”选项板中修改拉伸起点为-150，伸拉终点为 900，单击完成。完成内建模型，如图 11-62 所示。

按同样的方法，创建北入口处的外墙装饰，如图 11-63 所示。

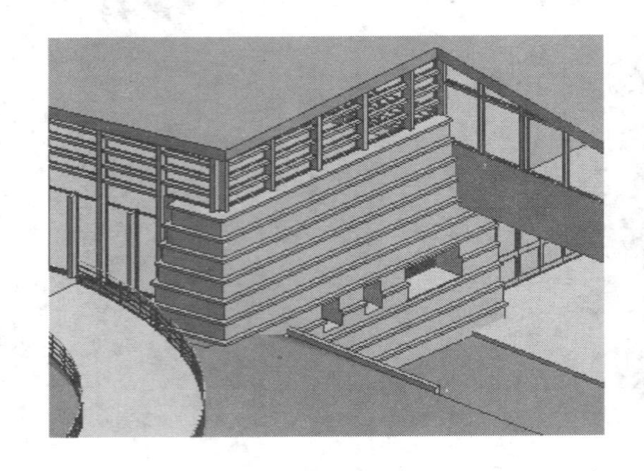

图 11-62

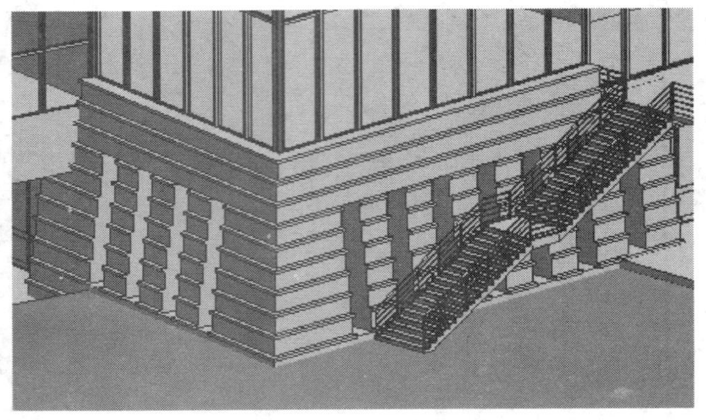

图 11-63

第12章 施工图设计

第 11 章中讲解了如何用 Revit Architecture 2013 来创建模型，并完成了会所项目的三维模型创建。在本章中将继续使用案例中完成的会所模型，利用 Architecture 的视图、注释和图纸功能来完成施工图设计，实现施工出图和打印。

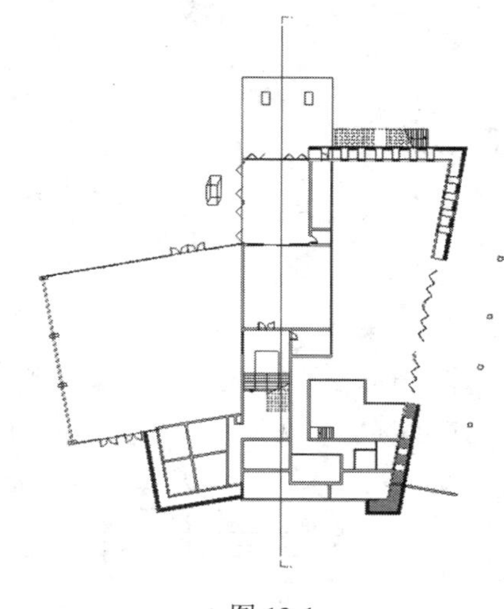

图 12-1

12.1 创建剖面视图

打开 1F 楼层平面，单击“视图”选项卡>“创建”面板>“剖面”，从上到下画一条剖面线，确保它穿过楼梯，如图 12-1 所示。

双击剖面线两端的蓝色标头，自动转换到剖面视图，或者在项目浏览器“视图”下“剖面”展开中双击“剖面 1”，如图 12-2 所示。根据自己的需要可以创建无数张剖面视图。

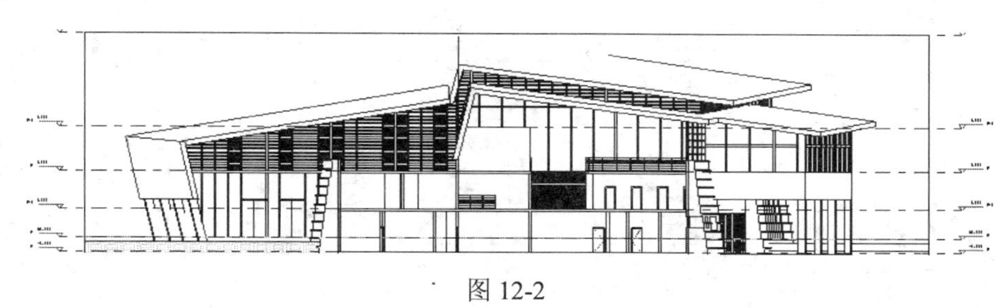

图 12-2

12.2 添加门窗标

记打开 1F-1 楼层平面。单击“注释“选项卡”>“标记”面板>“全部标记”。在弹出的“标记所有未标记的对象”对话框中用 Ctrl 键选择“门标记”和窗标记。单击“确定”按钮，如图 12-3 所示。

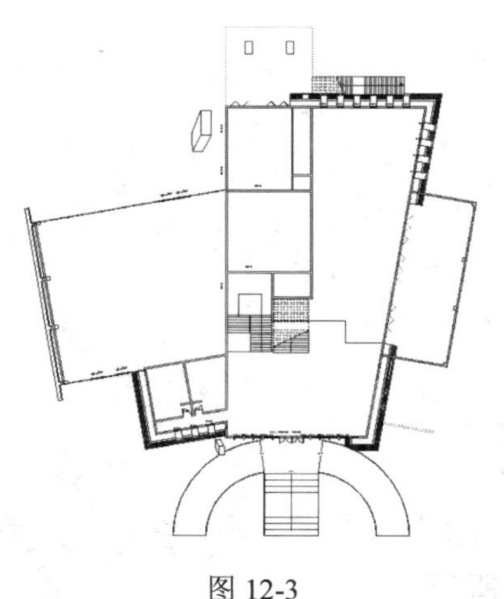

图 12-3

使用相同的步骤标记视图中所有的门和窗。

12.3 创建明细表

单击“视图”选项卡>“创建”面板>“明细表”，在下拉菜单中选择“明细表/数量”。在“新明细表”对话框中；“类别”选择“门”，名称“门明细表”选择“建筑构件明细表”，如图 12-4 所示。

在“明细表属性”对话框中，选择“字段”并单击“添加”按钮。添加下列字段：“宽度”、“高度”、“标记”、“类型”

和“合计”。使用“上移”、“下移”按钮调整排列顺序为：标记、型号、宽度、高度、合计，如图 12-5 所示。

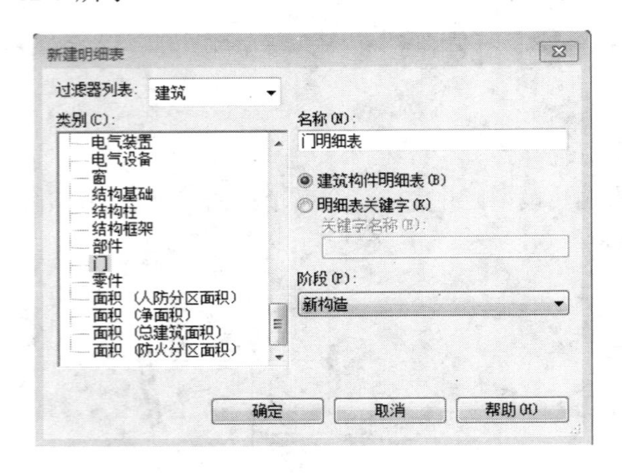

图 12-4

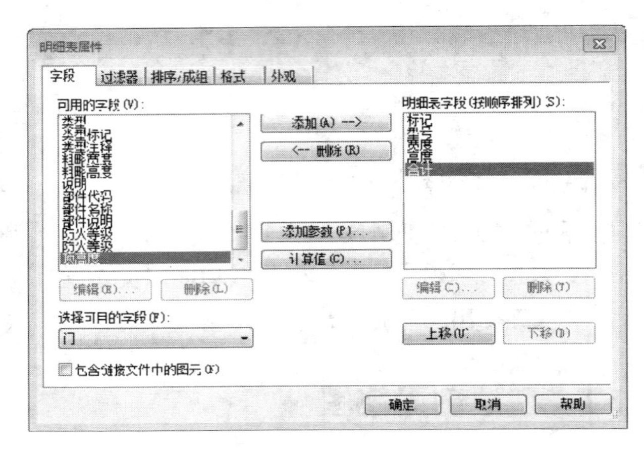

图 12-5

单击“排列/成组”选项卡，选择“标记”作为“排列方式”，勾选“总计”复选框，取消勾选“逐项列举每个实例”复选框，然后单击“确定”按钮，如图 12-6 所示。

门明细表				
标记	类型	宽度	高度	合计
				8
2	TLM5234	5250	3350	1
3	TLM5234	5250	3350	1
4	TLM5234	5250	3350	1
5	TLM7434	7400	3350	1
6	TLM4534	4500	3350	1
7	TLM4534	4500	3350	1
10	BM1824	1800	2400	1
11	LM0935	900	3450	1
12	M0921	900	2100	1
13	M0821	800	2100	1
14	900 x 2100 mm	900	2100	1
15	BM7235	3000	3500	1
16	900 x 2100 mm	900	2100	1
17	M1021	1000	2100	1
18	900 x 2100 mm	900	2100	1
20	M1021	1000	2100	1
22	900 x 2100 mm	900	2100	1
25	BM2635	2600	3500	1
26	M1021	1000	2100	1
27	M1221	1200	2100	1
28	M1221	1200	2100	1
29	M1021	1000	2100	1
30	M1021	1000	2100	1
31	M1021	1000	2100	1
32	M1021	1000	2100	1
37	M0921	900	2100	1
38	M0921	900	2100	1
39	M0821	800	2100	1
40	M0821	800	2100	1
46	M1221	1200	2100	1
47	M1221	1200	2100	1
48	M1221	1200	2100	1
49	M1221	1200	2100	1
50	M1221	1200	2100	1

图 12-6

根据需求，以同样的步骤创建需要的明细表视图。

12.4 添加房间标记、房间面积及添加颜色方案

打开 1F 楼层平面。在“建筑”选项卡“房间和面积”面板中单击“房间”。在“属性”面板中选择“标记-房间-有面积”，依次为各个房间添加标记，如图 12-7 所示。

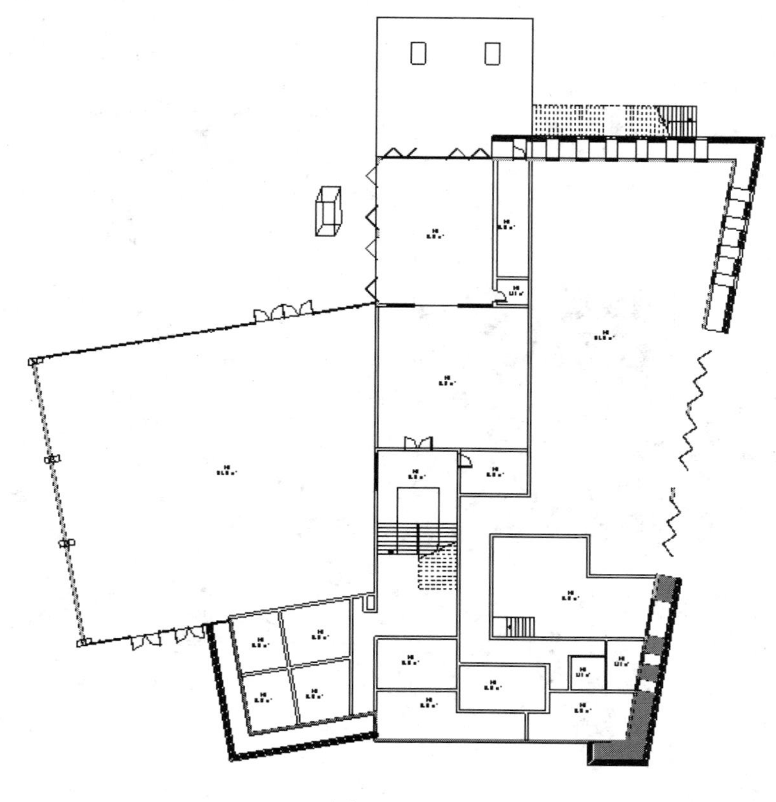

图 12-7

单击标注的文字修改名称。

在“房间和面积”下拉菜单中单击“颜色方案”，在弹出的“编辑颜色方案”对话框中“方案类别”选择“房间”，颜色选择“面积，自动创建颜色方案，如图 12-8 所示。

编辑颜色方案

方案 类别: 房间 方案 1

方案定义 标题: 方案 1 图例 颜色 (C): 面积 按值 (V) 按范围 (G) 编辑格式 (E)...

	值	可见	颜色	填充样式	预览	使用中
1	0.50	☑	RGB 156-18	实体填充		是
2	3.74	☑	PANTONE 3	实体填充		是
3	5.32	☑	PANTONE 6	实体填充		是
4	7.40	☑	RGB 139-16	实体填充		是
5	12.20	☑	PANTONE 6	实体填充		是
6	13.42	☑	RGB 096-17	实体填充		是
7	14.11	☑	RGB 209-20	实体填充		是
8	16.90	☑	RGB 173-11	实体填充		是
9	17.71	☑	RGB 194-16	实体填充		是
10	18.27	☑	PANTONE 3	实体填充		是
11	18.28	☑	RGB 192-06	实体填充		是
12	20.22	☑	RGB 064-06	实体填充		是

选项 包含链接文件中的图元 (I)

确定 取消 应用 帮助 (H)

图 12-8

单击“确定”按钮后回到平面视图，单击“注释”选项卡，在颜色填充面板单击“颜色填充 图例”，如图 12-9 所示。

按照同样的方法给其他楼层添加房间面积及其颜色方案和图例。

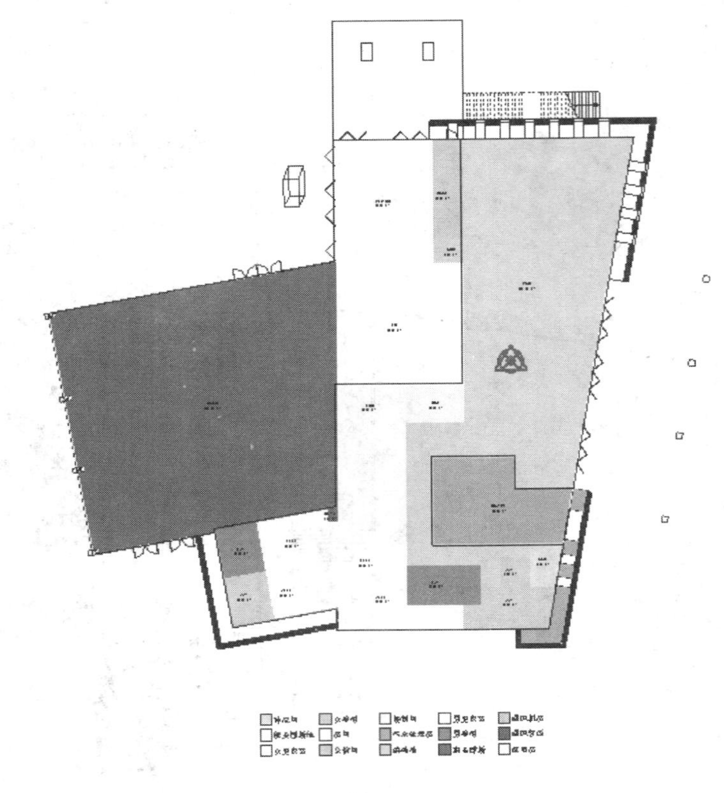

图 12-9

12.5 创建图纸

在项目浏览器中，在图纸上右击，然后单击“新建图纸”。在“选择标题栏”对话框中，单击“确定”按钮。在项目浏览器中展开“图纸”在“J0-2-未命名”上右击选择重命名。在“图纸标题”对话框中，输入“J0-2-剖面视图”，然后单击“确定”按钮。将“剖面 1”、“剖面 2“放置拖曳到图纸中，同时将明细表也放进图纸中，如图 12-10 所示。

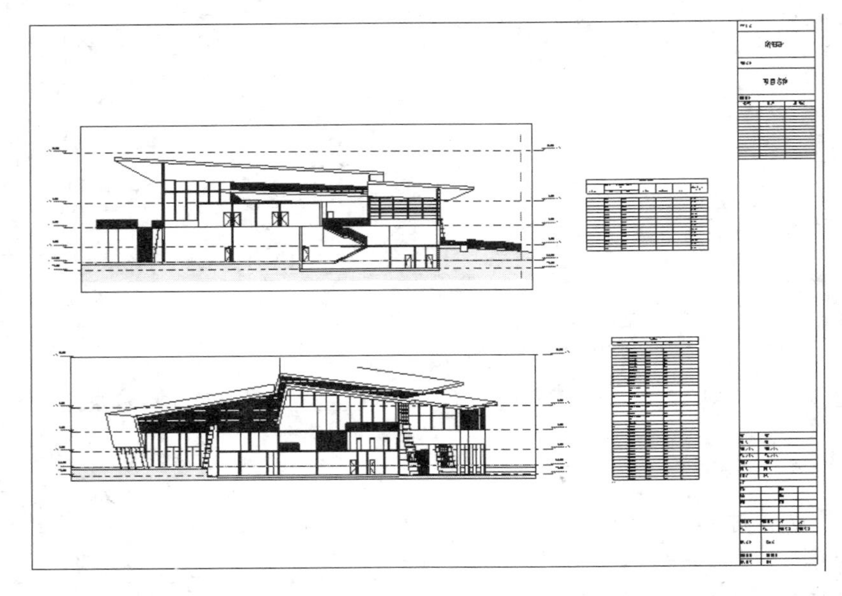

图 12-10

根据需要按照上面的步骤，可以把需要的图纸都创建出来，如图 12-11 所示。

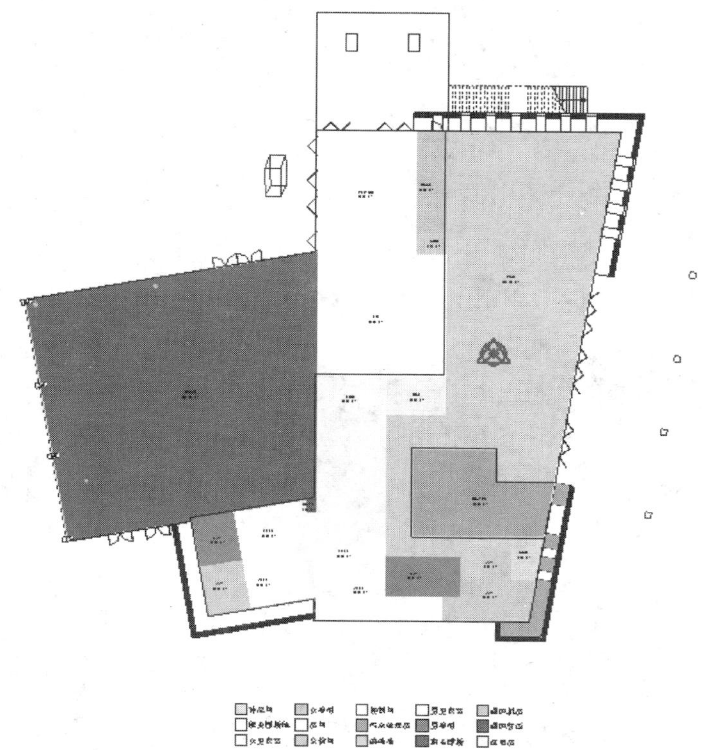

图 12-11